电力应急
一本通

DIANLI YINGJI
YIBENTONG

刘宏新　主编

中国电力出版社
CHINA ELECTRIC POWER PRESS

内 容 提 要

本书采用一问一答的形式，将相关知识点写得通俗易懂，简明扼要，容易被现场人员接受，本书共包括应急管理基础知识、应急预案、应急演练、应急队伍管理、应急保障、预警与响应、应急能力建设评估、常用急救知识与技能八个章节。

本书可作为应急管理人员开展应急管理培训的教材，还可供从事应急管理实际工作的工作人员阅读。

图书在版编目（CIP）数据

电力应急一本通 / 刘宏新主编. —北京：中国电力出版社，2017.12（2023.5重印）
ISBN 978-7-5198-1450-2

Ⅰ. ①电… Ⅱ. ①刘… Ⅲ. ①电力系统–安全管理–问题解答
Ⅳ. ①TM7-44

中国版本图书馆 CIP 数据核字（2017）第 291671 号

出版发行：中国电力出版社
地　　址：北京市东城区北京站西街 19 号（邮政编码 100005）
网　　址：http://www.cepp.sgcc.com.cn
责任编辑：王杏芸（010-63412394）
责任校对：太兴华
装帧设计：张俊霞　赵姗姗
责任印制：杨晓东

印　　刷：望都天宇星书刊印刷有限公司
版　　次：2017 年 12 月第一版
印　　次：2023 年 5 月北京第五次印刷
开　　本：880 毫米×1230 毫米　32 开本
印　　张：4.25
字　　数：111 千字
定　　价：24.00 元

编 委 会

主　　　编　　刘宏新

副 主 编　　刘永奇　　武登峰　　张　涛

编委会成员　　刘建国　　张冠昌　　李国宝

　　　　　　　赵云峰　　田俊杰　　贾雷亮

　　　　　　　杨　澜　　张　宇　　杨　宇

　　　　　　　申卫华

编 写 组

组　　　长　　席淑娟

副 组 长　　贾雷亮　　高翰佶

成　　　员　　段星辉　　吕振宇　　苏雁慧

　　　　　　　申卫华　　田　亮　　马小丹

　　　　　　　高学江　　王昊宇　　罗　佳

前　言

电力行业作为支撑国民经济和社会发展的基础性产业和公用事业，与国家经济发展、社会各行各业和人民群众生活息息相关。

《电力应急一本通》以可持续发展观为指导，坚持"以人为本、预防为主"的原则，重点提升应对电力突发公共事件的能力；强化应急队伍的建设，积极推进应急预案体系的建立和完善；持续深化电力企业危险隐患排查和应急资源普查工作；切实抓好宣传教育工作，大力开展应急管理宣传教育进社区、进学校、进企业，强化培训，提高应急管理工作队伍整体素质；进一步完善应急管理工作制度体系，推动应急管理工作科学、规范发展。

本书编委会和编写组由国网山西省电力公司具有丰富管理知识和实践经验的人员组成，本书共包括应急管理基础知识、应急预案、应急演练、应急队伍管理、应急保障、预警与响应、应急能力建设评估、常用急救知识与技能八个章节。第一章由席淑娟编写，第二章由高翰偌编写，第三章由田亮编写，第四章由段星辉编写，第五章预警部分相关内容由席淑娟编写，响应部分相关内容由高学江编写，信息报告部分相关内容由罗佳编写，第六章由吕振宇编写，第七章由苏雁慧编写，第八章由席淑娟、高翰偌、段星辉编写。本书编者水平有限，书中难免有不足之处，望各位读者予以批评指正。

编　者

2017 年 12 月

目　录

第一章　应急管理基础知识

1. 应急管理的定义是什么？

答：应急管理是指政府及其有关部门应对各类突发事件的预防与应急准备、监测与预警、应急处置与救援、事后恢复与重建等活动的全过程管理。应急管理的对象是突发事件，是对突发事件事前、事发、事中、事后发生发展全过程管理。

2. 突发事件的定义及特征是什么？

答：突发事件是指突然发生，造成或者可能造成严重社会危害，需要采取应急处置措施予以应对的自然灾害、事故灾难、公共卫生事件和社会安全事件。

突发事件具有突发性、不确定性、破坏性、衍生性、扩散性、社会性、周期性和多样性等特征。

3. 突发事件分为哪几类？

答：突发事件根据发生原因、机理、过程、性质和危害对象的不同分为四大类，即自然灾害、事故灾难、公共卫生事件和社会安全事件。

（1）自然灾害，主要包括干旱、洪涝、台风、冰雹、沙尘暴等气象灾害，地震、山体滑坡、泥石流等地震地质灾害，风暴潮、海啸、赤潮等海洋灾害，森林草原火灾，农作物病虫害等生物灾害。

（2）事故灾难，主要包括铁路、公路、民航、水运等交通运输事故，工矿商贸等企业的安全生产事故，城市水、电、气、热等公共设施、设备事故，核与辐射事故，环境污染与生态破坏事故等。

（3）公共卫生事件，主要包括传染病疫情、群体性不明原因疾病、食物与职业中毒、动物疫情及其他严重影响公众健康和生命安全的事件。

（4）社会安全事件，主要包括恐怖袭击事件、经济安全事件、民族宗教事件、涉外突发事件、重大刑事案件、群体性事件等。

4. 突发事件的级别如何划分？

答：按照社会危害程度、影响范围、突发事件性质和可控性等因素将自然灾害、事故灾难、公共卫生事件分为 4 级，即特别重大、重大、较大和一般。法律、行政法规或国务院另有规定的，从其规定。

突发事件的分级标准由国务院或者国务院确定的部门制定。

比如根据事故造成的人员伤亡或者经济损失，国务院《生产安全事故报告和调查处理条例》将生产安全事故分为以下等级：

（1）特别重大事故。特别重大事故是指造成 30 人以上死亡，或者100 人以上重伤（包括急性工业中毒，下同），或者 1 亿元以上直接经济损失的事故。

（2）重大事故。重大事故是指造成 10 人以上 30 人以下死亡，或者50 人以上 100 人以下重伤，或者 5000 万元以上 1 亿元以下直接经济损失的事故。

（3）较大事故。较大事故是指造成 3 人以上 10 人以下死亡，或者10 人以上 50 人以下重伤，或者 1000 万元以上 5000 万元以下直接经济损失的事故。

（4）一般事故。一般事故是指造成 3 人以下死亡，或者 10 人以下重伤，或者 1000 万元以下直接经济损失的事故。

注：所称的"以上"包括本数，"以下"不包括本数。

5. 应急管理工作的重要意义是什么？

答：加强应急管理，提高预防和处置突发事件的能力，是关系国家经济社会发展全局和人民群众生命财产安全的大事，是构建社会主义和谐社会的重要内容；是坚持以人为本、执政为民的重要体现；是全面履行政府职能，进一步提高行政能力的重要方面，通过加强应急管理，建立健全社会预警机制、突发事件应急机制和社会动员机制，可以最大限度地预防和减少突发事件及其造成的损害，保障公众生命财产安全，维护国家安全和社会稳定，促进经济社会全面、协调、可持续发展。

6. 应急准备、应急响应、应急救援分别指什么？

答：应急准备，是指针对可能发生的事故，为迅速、科学、有序地开展应急行动而预先进行的思想准备、组织准备和物资准备。

应急响应，是指针对发生的事故，有关组织或人员采取的应急行动。

应急救援，是指在应急响应过程中，为最大限度地降低事故造成的损失或危害，防止事故扩大，而采取的紧急措施或行动。

7. 应急管理组织体系的组建原则是什么？

答：《中华人民共和国突发事件应对法》规定："国家建立统一领导、综合协调、分类管理、分级负责、属地管理为主的应急管理体制"。目前，我国按照权责分明、组织健全、运行灵活、统一高效的原则，基本构建了由中央、省、市、县四级政府应急管理机构构成的应急管理组织体系。

8. 应急管理"一案三制"指的是什么？

答：应急管理的核心是"一案三制"。"一案"是指制订修订应急预案；"三制"是指建立健全应急体制、机制和法制。

应急预案是应急管理的重要基础，是应急管理体系建设的首要任务。应急管理体制是指建立统一领导、综合协调、分类管理、分级负责、属地管理为主的应急管理体制。应急管理机制是指突发事件全过程中各种制度化、程序化的应急管理方法与措施。应急管理法制是指在深入总结群众实践经验的基础上，制订各级各类应急预案，形成应急管理体制机制，并且最终上升为一系列法律、法规和规章，使突发事件应对工作基本上做到有章可循、有法可依。

9. 应急管理的基本任务是什么？

答： 应急管理的基本任务概括起来主要有以下七个方面：

（1）预防准备。应急管理的首要任务是预防突发事件发生。通过应急管理预防行动和准备行动，建立突发事件源头防控机制，建立健全应急管理体制、制度，有效地控制突发事件发生，做好突发事件应对工作准备。

（2）预测预警。及时预测突发事件的发生并向社会预警，是减少突发事件损失最有效的措施，也是应急管理的主要工作。采取传统与科技手段相结合的办法进行预测，将突发事件消除在萌芽状态。一旦发现不可消除的突发事件，及时向社会预警。

（3）响应控制。突发事件发生后，及时启动应急响应，实施有效的应急救援行动，防止事件进一步扩大和发展，是应急管理的重中之重。特别是发生在人口稠密区域的突发事件，应快速组织相关应急职能部门联合行动，控制事件继续扩展。

（4）资源协调。应急资源是实施应急救援和事后恢复的基础，应急管理机构应该在合理布局应急资源的前提下，建立科学的资源共享与调配机制，有效利用可用资源，防止在应急救援中出现资源短缺情况。

（5）抢险救援。确保在应急救援行动中，及时、有序、科学地实施现场抢救和安全转送人员，以降低伤亡率、减少突发事件损失是应急管理的重要任务。特别是突发事件发生的突然性，发生后的迅速扩散以及波及范围广、危害性大的特点，要求应急救援人员及时指挥和组织群众采取各种措施进行自身防护，并迅速撤离危险区域或可能发生危险的区域，同时在撤离过程中积极开展公众自救与互救工作。

（6）信息管理。突发事件信息的管理既是应急响应和应急处置的源头工作，也是避免引起公众恐慌的重要手段。应急管理机构应当以现代信息技术为支撑，如综合信息应急平台，保持信息畅通，以协调各部门、各单位的工作。

（7）善后恢复。应急处置后，应急管理的重点应该放在安抚受害人员及其家属，稳定局面、清理受灾现场、尽快使系统功能恢复，并及时调查突发事件的发生原因和性质，评估危害范围和程度。

10. 应急管理中政府的责任和公众的权利义务是什么？

答：政府在应急管理中，需要动员一切必要的社会资源应对突发事件；保护包括经济安全、生态安全、能源安全等在内的国家安全；维护社会稳定和公众利益；公开应急管理信息，保证公众的知情权；降低社会危害、开展危机教育，体现政府人文关怀。

公众在应急管理中，享有宪法和法律规定的基本公民权、知情权、监督权、紧急救助请求权、复议申请或提起行政诉讼权、补偿请求权等权利；有参与和协助政府开展突发事件应急处置的义务。

11. 突发事件应急处置工作原则是什么？

答：（1）以人为本，减少危害。切实履行政府的社会管理和公共服务职能，把保障公众健康和生命财产安全作为首要任务，最大限度地减少突发公共事件及其造成的人员伤亡和危害。

（2）居安思危，预防为主。高度重视公共安全工作，常抓不懈，防患于未然。增强忧患意识，坚持预防与应急相结合，常态与非常态相结合，做好应对突发公共事件的各项准备工作。

（3）统一领导，分级负责。在党中央、国务院的统一领导下，建立健全分类管理、分级负责，条块结合、属地管理为主的应急管理体制，在各级党委领导下，实行行政领导责任制，充分发挥专业应急指挥机构的作用。

（4）依法规范，加强管理。依据有关法律和行政法规，加强应急管理，维护公众的合法权益，使应对突发公共事件的工作规范化、制度化、法制化。

（5）快速反应，协同应对。加强以属地管理为主的应急处置队伍建设，建立联动协调制度，充分动员和发挥乡镇、社区、企事业单位、社会团体和志愿者队伍的作用，依靠公众力量，形成统一指挥、反应灵敏、功能齐全、协调有序、运转高效的应急管理机制。

（6）依靠科技，提高素质。加强公共安全科学研究和技术开发，采用先进的监测、预测、预警、预防和应急处置技术及设施，充分发挥专家队伍和专业人员的作用，提高应对突发公共事件的科技水平和指挥能力，避免发生次生、衍生事件；加强宣传和培训教育工作，提高公众自救、互救和应对各类突发公共事件的综合素质。

12. 中央企业应当履行哪些应急管理职责？

答：（1）建立健全应急管理体系，完善应急管理组织机构。

（2）编制完善各类突发事件的应急预案，组织开展应急预案的培训和演练，并持续改进。

（3）督促所属企业主动与所在地人民政府应急管理体系对接，建立应急联动机制。

（4）加强企业专（兼）职救援队伍和应急平台建设。

（5）做好突发事件的报告、处置和善后工作，做好突发事件的舆情监测、信息披露、新闻危机处置。

（6）积极参与社会突发事件的应急处置与救援。

13.《企业安全生产应急管理九条规定》是什么？

答：《企业安全生产应急管理九条规定》（国家安全生产监督管理总局令 第74号），主要内容由9个必须组成：

（1）必须落实企业主要负责人是安全生产应急管理第一责任人的工作责任制，层层建立安全生产应急管理责任体系。

（2）必须依法设置安全生产应急管理机构，配备专职或者兼职安全生产应急管理人员，建立应急管理工作制度。

（3）必须建立专（兼）职应急救援队伍或与邻近专职救援队签订救援协议，配备必要的应急装备、物资，危险作业必须有专人监护。

（4）必须在风险评估的基础上，编制与当地政府及相关部门相衔接的应急预案，重点岗位制定应急处置卡，每年至少组织一次应急演练。

（5）必须开展从业人员岗位应急知识教育和自救互救、避险逃生技能培训，并定期组织考核。

（6）必须向从业人员告知作业岗位、场所危险因素和险情处置要点，高风险区域和重大危险源必须设立明显标识，并确保逃生通道畅通。

（7）必须落实从业人员在发现直接危及人身安全的紧急情况时停止作业，或在采取可能的应急措施后撤离作业场所的权利。

（8）必须在险情或事故发生后第一时间做好先期处置，及时采取隔离和疏散措施，并按规定立即如实向当地政府及有关部门报告。

（9）必须每年对应急投入、应急准备、应急处置与救援等工作进行总结评估。

第二章 应 急 预 案

1. 应急预案的作用是什么?

答：应急预案是指各级人民政府及其部门、基层组织、企事业单位、社会团体等为依法、迅速、科学、有序应对突发事件，最大程度减少突发事件及其造成的损害而预先制定的工作方案。

应急预案在成功处置各类突发事件中具有重要作用。它明确了突发事件事前、事中、事后，谁来做、何时做、怎么做、做什么，明确了应急救援范围和体系以及相应策略和资源准备等，使突发事件应对行为有据可依、有章可循；它针对可能发生的重大事故及其影响范围和严重程度，对应急准备和应急响应等预先做出安排，利于及时反应、控制，且使突发事件应对行为科学规范，最大限度地减少损失和伤亡；同时，当发生超出应急处置能力的重大事故时，利于相关部门之间应急协调联动，是开展及时、有序和有效事故应急救援工作的行动指南。

2. 应急预案如何分类?

答：应急预案分类，如图 2-1 所示。

3. 国家突发公共事件预案体系构成是什么?

答：国家突发公共事件预案体系主要包括国家总体应急预案、国家专项应急预案、国务院部门应急预案和地方应急预案。国家应急预案体系框架，如图 2-2 所示。

（1）突发公共事件总体应急预案。总体应急预案是国家应急预案体系的总纲，是国务院应对特别重大突发公共事件的规范性文件，指导全国的突发公共事件应对工作。

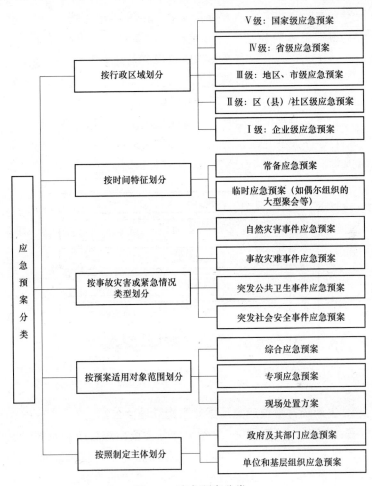

图 2-1　应急预案分类

（2）突发公共事件专项应急预案。专项应急预案主要是国务院及其有关部门为应对某一类型或某几种类型突发公共事件而制定的应急预案。如国家防汛抗旱应急预案、国家地震应急预案等。

（3）突发公共事件部门应急预案。部门应急预案是国务院有关部门根据总体应急预案、专项应急预案和部门职责为应对突发公共事件制定的预案。如公路交通突发公共事件应急预案、城市供气系统重大事故应急预案等。

9

（4）突发公共事件地方应急预案。具体包括：省级人民政府突发公共事件总体应急预案、专项应急预案和部门应急预案；各市（地）、县（市）人民政府及其基层组织突发公共事件应急预案。上述预案在省级人民政府的领导下，按照分类管理、分级负责原则，由地方人民政府及其有关部门分别制定。

（5）企事业单位根据有关法律法规制定的应急预案。

（6）举办大型会展和文化体育等重大活动，主办单位应当制定应急预案。

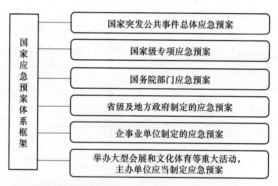

图2-2　国家应急预案体系框架图

4. 生产经营单位应急预案体系构成是什么？

答：生产经营单位的应急预案体系主要由综合应急预案、专项应急预案和现场处置方案构成。综合应急预案是生产经营单位应急预案体系的总纲，主要从总体上阐述事故的应急工作原则。专项应急预案是生产经营单位为应对某一类型或某几种类型事故，或者针对重要生产设施、重大危险源、重大活动等内容而制定的应急预案。现场处置方案是生产经营单位根据不同事故类型，针对具体的场所、装置或设施所制定的应急处置措施。应急预案层次，如图2-3所示。

生产经营单位应根据本单位组织管理体系、生产规模、危险源的性质，以及可能发生的事故类型确定应急预案体系，并可根据本单位实际情况，确定是否编制专项应急预案。风险因素单一的小微型生产经营单位可只编写现场处置方案。

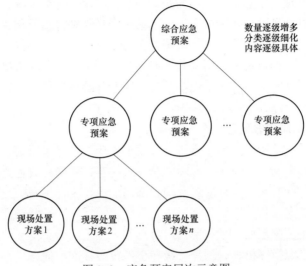

图 2-3 应急预案层次示意图

5. 电力企业应急预案体系构成是什么？

答：电力企业应急预案体系主要由综合应急预案、专项应急预案和现场处置方案构成。

（1）综合应急预案。电力企业应当根据本单位的组织结构、管理模式、生产规模、风险种类、应急能力及周边环境等，组织编制综合应急预案。综合应急预案是应急预案体系的总纲，主要从总体上阐述突发事件的应急工作原则，包括应急预案体系、风险分析、应急组织机构及职责、预警及信息报告、应急响应、保障措施等内容。

（2）专项应急预案。电力企业应当针对本单位可能发生的自然灾害、事故灾难、公共卫生事件和社会安全事件等各类突发事件，组织编制相应的专项应急预案。专项应急预案是电力企业为应对某一类或某几类突发事件，或者针对重要生产设施、重大危险源、重大活动等内容而制定的应急预案。专项应急预案主要包括事件类型和危害程序分析、应急指挥机构及职责、信息报告、应急响应程序和处置措施等内容。

（3）现场处置方案。电力企业应当根据风险评估情况、岗位操作规程以及风险防控措施，组织本单位现场作业人员及相关专业人员共同编制现场处置方案。现场处置方案是电力企业根据不同突发事件类别，针对具体场所、装置或设施所制定的应急处置措施，主要包括事件特征、应急组织及职责、应急处置和注意事项等内容。

6. 不同层级应急预案内容各有什么特点？

答： 总体应急预案主要规定突发事件应对的基本原则、组织体系、运行机制，以及应急保障的总体安排等，明确相关各方的职责和任务。针对突发事件应对专项和部门应急预案，不同层级预案内容各有侧重。

（1）国家层面专项和部门应急预案。侧重明确突发事件的应对原则、组织指挥机制、预警分级和事件分级标准、信息报告要求、分级响应及响应行动、应急保障措施等，重点规范国家层面应对行动，同时体现政策性和指导性。

（2）省级专项和部门应急预案。侧重明确突发事件的组织指挥机制、信息报告要求、分级响应及响应行动、队伍物资保障及调动程序、市县级政府职责等，重点规范省级层面应对行动，同时体现指导性。

（3）市县级专项和部门应急预案。侧重明确突发事件的组织指挥机制、风险评估、监测预警、信息报告、应急处置措施、队伍物资保障及调动程序等内容，重点规范市（地）级和县级层面应对行动，体现应急处置的主体职能。

（4）乡镇街道专项和部门应急预案。侧重明确突发事件的预警信息传播、组织先期处置和自救互救、信息收集报告、人员临时安置等内容，重点规范乡镇层面应对行动，体现先期处置特点。

（5）针对重要基础设施、生命线工程等重要目标物保护的专项和部门应急预案，侧重明确风险隐患及防范措施、监测预警、信息报告、应急处置和紧急恢复等内容。

（6）针对重大活动保障制定的专项和部门应急预案，侧重明确活动安全风险隐患及防范措施、监测预警、信息报告、应急处置、人员疏散撤离组织和路线等内容。

（7）针对为突发事件应对工作提供队伍、物资、装备、资金等资源保障的专项和部门应急预案，侧重明确组织指挥机制、资源布局、不同种类和级别突发事件发生后的资源调用程序等内容。

（8）联合应急预案侧重明确相邻、相近地方人民政府及其部门间信息通报、处置措施衔接、应急资源共享等应急联动机制。

（9）单位和基层组织应急预案由机关、企业、事业单位、社会团体和居委会、村委会等法人和基层组织制定，侧重明确应急响应责任人、风险隐患监测、信息报告、预警响应、应急处置、人员疏散撤离组织和路线、可调用或可请求援助的应急资源情况及如何实施等，体现自救互救、信息报告和先期处置特点。

（10）大型企业集团可根据相关标准规范和实际工作需要，参照国际惯例，建立本集团应急预案体系。

7. 综合应急预案内容包括哪些?

答：综合应急预案内容主要包括总则、事故风险描述、应急组织机构及职责、预警及信息报告、应急响应、信息公开、后期处置、保障措施及应急预案管理等，具体内容如表 2–1 所示。

表 2–1　　　　　　　　　　综合应急预案内容

主要项目		具体内容和要求
1. 总则	1.1 编制目的	简述应急预案编制的目的
	1.2 编制依据	简述应急预案编制所依据的法律、法规、规章、标准和规范性文件以及相关应急预案等
	1.3 适用范围	说明应急预案适用的工作范围和事故类型、级别
	1.4 应急预案体系	说明生产经营单位应急预案体系的构成情况，可用框图形式表述
	1.5 应急工作原则	说明生产经营单位应急工作的原则，内容应简明扼要、明确具体
2. 事故风险描述		简述生产经营单位存在或可能发生的事故风险种类、发生的可能性以及严重程度及影响范围等

续表

主要项目		具体内容和要求
3. 应急组织机构及职责		明确生产经营单位的应急组织形式及组成单位或人员，可用结构图的形式表示，明确构成部门的职责。应急组织机构根据事故类型和应急工作需要，可设置相应的应急工作小组，并明确各小组的工作任务及职责
4. 预警及信息报告	4.1 预警	根据生产经营单位监测监控系统数据变化状况、事故险情紧急程度和发展势态或有关部门提供的预警信息进行预警，明确预警的条件、方式、方法和信息发布的程序
	4.2 信息报告	按照有关规定，明确事故及事故险情信息报告程序，主要包括： （1）信息接收与通报。明确24h应急值守电话、事故信息接收、通报程序和责任人。 （2）信息上报。明确事故发生后向上级主管部门或单位报告事故信息的流程、内容、时限和责任人。 （3）信息传递。明确事故发生后向本单位以外的有关部门或单位通报事故信息的方法、程序和责任人
5. 应急响应	5.1 响应分级	针对事故危害程度、影响范围和生产经营单位控制事态的能力，对事故应急响应进行分级，明确分级响应的基本原则
	5.2 响应程序	根据事故级别和发展态势，描述应急指挥机构启动、应急资源调配、应急救援、扩大应急等响应程序
	5.3 处置措施	针对可能发生的事故风险、事故危害程度和影响范围，制定相应的应急处置措施，明确处置原则和具体要求
	5.4 应急结束	明确现场应急响应结束的基本条件和要求
6. 信息公开		明确向有关新闻媒体、社会公众通报事故信息的部门、负责人和程序以及通报原则
7. 后期处置		主要明确污染物处理、生产秩序恢复、医疗救治、人员安置、善后赔偿、应急救援评估等内容
8. 保障措施	8.1 通信与信息保障	明确与可为本单位提供应急保障的相关单位或人员通信联系方式和方法，并提供备用方案。同时，建立信息通信系统及维护方案，确保应急期间信息通畅
	8.2 应急队伍保障	明确应急响应的人力资源，包括应急专家、专业应急队伍、兼职应急队伍等
	8.3 物资装备保障	明确生产经营单位的应急物资和装备的类型、数量、性能、存放位置、运输及使用条件、管理责任人及其联系方式等内容
	8.4 其他保障	根据应急工作需求而确定的其他相关保障措施（如：经费保障、交通运输保障、治安保障、技术保障、医疗保障、后勤保障等）

续表

主要项目		具体内容和要求
9. 应急预案管理	9.1 应急预案培训	明确对本单位人员开展的应急预案培训计划、方式和要求，使有关人员了解相关应急预案内容、熟悉应急职责、应急程序和现场处置方案。如果应急预案涉及社区和居民，要做好宣传教育和告知等工作
	9.2 应急预案演练	明确生产经营单位不同类型应急预案演练的形式、范围、频次、内容以及演练评估、总结等要求
	9.3 应急预案修订	明确应急预案修订的基本要求，并定期进行评审，实现可持续改进
	9.4 应急预案备案	明确应急预案的报备部门，并进行备案
	9.5 应急预案实施	明确应急预案实施的具体时间、负责制定与解释的部门

8. 专项应急预案主要内容有哪些?

答: 专项应急预案内容主要包括事故风险分析、应急指挥机构及职责、处置程序、处置措施等，具体内容如表 2-2 所示。

表 2-2　　　　　　　　　　专项应急预案内容

主要项目	具体内容和要求
1. 事故风险分析	针对可能发生的事故风险，分析事故发生的可能性以及严重程度、影响范围等
2. 应急指挥机构及职责	根据事故类型，明确应急指挥机构总指挥、副总指挥以及各成员单位或人员的具体职责。应急指挥机构可以设置相应的应急救援工作小组，明确各小组的工作任务及主要负责人职责
3. 处置程序	明确事故及事故险情信息报告程序和内容，报告方式和责任人等内容。根据事故响应级别，具体描述事故接警报告和记录、应急指挥机构启动、应急指挥、资源调配、应急救援、扩大应急等应急响应程序
4. 处置措施	针对可能发生的事故风险、事故危害程度和影响范围，制定相应的应急处置措施，明确处置原则和具体要求

9. 应急预案附件包括哪些内容?

答: 应急预案附件主要包括关应急部门、机构或人员的联系方式，应急物资装备的名录或清单，规范化格式文本，关键的路线、标识和图纸，有关协议或备忘录等内容。应急预案附件具体内容如

表 2-3 所示。

表 2-3 应急预案附件内容

主要项目	具体内容和要求
1. 有关应急部门、机构或人员的联系方式	列出应急工作中需要联系的部门、机构或人员的多种联系方式，当发生变化时及时进行更新
2. 应急物资装备的名录或清单	列出应急预案涉及的主要物资和装备名称、型号、性能、数量、存放地点、运输和使用条件、管理责任人和联系电话等
3. 规范化格式文本	应急信息接报、处理、上报等规范化格式文本
4. 关键的路线、标识和图纸	主要包括： （1）警报系统分布及覆盖范围； （2）重要防护目标、危险源一览表、分布图； （3）应急指挥部位置及救援队伍行动路线； （4）疏散路线、警戒范围、重要地点等的标识； （5）相关平面布置图纸、救援力量的分布图纸等
5. 有关协议或备忘录	列出与相关应急救援部门签订的应急救援协议或备忘录

10. 现场处置方案主要内容包括哪些?

答：现场处置方案主要内容包括事故风险分析、应急工作职责、应急处置和注意事项等，具体内容如表 2-4 所示。

表 2-4 现场处置方案内容

主要项目	具体内容和要求
1. 事故风险分析	主要包括：事故类型；事故发生的区域、地点或装置的名称；事故发生的可能时间、事故的危害严重程度及其影响范围；事故前可能出现的征兆；事故可能引发的次生、衍生事故
2. 应急工作职责	根据现场工作岗位、组织形式及人员构成，明确各岗位人员的应急工作分工和职责
3. 应急处置	主要包括以下内容： （1）事故应急处置程序。根据可能发生的事故及现场情况，明确事故报警、各项应急措施启动、应急救护人员的引导、事故扩大及同生产经营单位应急预案的衔接程序。 （2）现场应急处置措施。针对可能发生的火灾、爆炸、危险化学品泄漏、坍塌、水患、机动车辆伤害等，从人员救护、工艺操作、事故控制、消防、现场恢复等方面制定明确的应急处置措施。 （3）明确报警负责人以及报警电话及上级管理部门、相关应急救援单位联络方式和联系人员，事故报告基本要求和内容

续表

主要项目	具体内容和要求
4. 注意事项	主要包括： （1）佩戴个人防护器具方面的注意事项； （2）使用抢险救援器材方面的注意事项； （3）采取救援对策或措施方面的注意事项； （4）现场自救和互救注意事项； （5）现场应急处置能力确认和人员安全防护等事项； （6）应急救援结束后的注意事项； （7）其他需要特别警示的事项

11. 应急处置卡的特点及作用是什么？

答：依据《生产安全事故应急预案管理办法》（国家安全生产监督管理总局令　第 88 号）第十九条规定：生产经营单位应当在编制应急预案的基础上，针对工作场所、岗位的特点，编制简明、实用、有效的应急处置卡。

应急处置卡按照"具体、简单、针对性强"的原则，针对关键、重点岗位存在的危险性因素及可能引发的事故，制定重点岗位、人员的应急处置程序和措施，明确相关联络人员和联系方式，具有简明扼要、牌板化、图表化和便于携带的特点，在事故应急处置过程中可以简便快捷地实施。

应急处置卡是加强应急知识普及、面向企业一线从业人员的应急技能培训和提高自救互救能力的有效手段。其作用一方面有利于使从业人员做到心中有数，提高安全生产意识和事故防范能力，减少事故发生，降低事故损失；另一方面方便企业如实告知从业人员应当采取的防范措施和事故应急措施，提高自救互救能力。

12. 应急预案编制步骤是什么？

答：依据《生产经营单位生产安全事故应急预案编制导则》（GB/T 29639—2013），应急预案编制一般分为六个步骤，如表 2-5 所示。

表 2-5   应急预案编制步骤

编制步骤		具体内容和要求
编制准备工作	1. 成立应急预案编制工作组	生产经营单位应结合本单位部门职能和分工，成立以单位主要负责人（或分管负责人）为组长，单位相关部门人员参加的应急预案编制工作组，明确工作职责和任务分工，制定工作计划，组织开展应急预案编制工作
	2. 资料收集	应急预案编制工作组应收集与预案编制工作相关的法律法规、技术标准、应急预案、国内外同行业企业事故资料，同时收集本单位安全生产相关技术资料、周边环境影响、应急资源等有关资料
	3. 风险评估	主要内容包括： （1）分析生产经营单位存在的危险因素，确定事故危险源； （2）分析可能发生的事故类型及后果，并指出可能产生的次生、衍生事故； （3）评估事故的危害程度和影响范围，提出风险防控措施
	4. 应急能力评估	在全面调查和客观分析生产经营单位应急队伍、装备、物资等应急资源状况基础上开展应急能力评估，并依据评估结果，完善应急保障措施
编制	5. 编制应急预案	依据生产经营单位风险评估及应急能力评估结果，组织编制应急预案。应急预案编制应注重系统性和可操作性，做到与相关部门和单位应急预案相衔接。应急预案编制完成后要进行检验性演练
评审备案	6. 应急预案评审	应急预案编制完成后，生产经营单位应组织评审。评审分为内部评审和外部评审，内部评审由生产经营单位主要负责人组织有关部门和人员进行。外部评审由生产经营单位组织外部有关专家和人员进行评审。应急预案评审合格后，由生产经营单位主要负责人（或分管负责人）签发实施，并进行备案管理

13. 编制应急预案前开展事故风险评估和应急资源调查是指什么？

答：编制应急预案前，编制单位应当进行事故风险评估和应急资源调查。

事故风险评估，是指针对不同事故种类及特点，识别存在的危险危害因素，分析事故可能产生的直接后果以及次生、衍生后果，评估各种后果的危害程度和影响范围，提出防范和控制事故风险措施的过程。

应急资源调查，是指全面调查本地区、本单位第一时间可以调用的应急资源状况和合作区域内可以请求援助的应急资源状况，并结合事故风险评估结论制定应急措施的过程。

14. 生产安全事故应急预案编制应当符合哪些基本要求？

答：依据《生产安全事故应急预案管理办法》（国家安全生产监督管理总局令第 88 号）规定，生产安全事故应急预案编制应当符合下列基本要求：

（1）符合有关法律、法规、规章和标准的规定。

（2）结合本地区、本部门、本单位的安全生产实际情况。

（3）结合本地区、本部门、本单位的危险性分析情况。

（4）应急组织和人员的职责分工明确，并有具体的落实措施。

（5）有明确、具体的事故预防措施和应急程序，并与其应急能力相适应。

（6）有明确的应急保障措施，并能满足本地区、本部门、本单位的应急工作要求。

（7）预案基本要素齐全、完整，预案附件提供的信息准确。

（8）预案内容与相关应急预案相互衔接。

15. 电力企业编制应急预案应当符合哪些基本要求？

答：依据《电力企业应急预案管理办法》（国能安全〔2014〕508号）规定，电力企业应急预案编制应当符合下列基本要求：

（1）应急组织和人员职责分工明确，并有具体落实措施。

（2）有明确、具体的突发事件预防措施和应急程序，并与其应急能力相适应。

（3）有明确的应急保障措施，并能满足本单位应急工作要求。

（4）预案基本要素齐全、完整，预案附件提供的信息准确。

（5）相关应急预案之间以及与所涉及的其他单位或政府有关部门的应急预案在内容上应相互衔接。

16. 应急预案关键要素和一般要素分别指什么？

答：应急预案要素分为关键要素和一般要素。

关键要素，是指应急预案构成要素中必须规范的内容。涉及生产经营单位日常应急管理及应急救援的关键环节，具体包括危险源辨识与风险分析、组织机构及职责、信息报告与处置和应急响应程序与处置技术等要素。关键要素必须符合生产经营单位实际和有关规定要求。

一般要素，是指应急预案构成要素中可简写或省略的内容。不涉及生产经营单位日常应急管理及应急救援的关键环节，具体包括应急预案中的编制目的、编制依据、适用范围、工作原则、单位概况等要素。

17. 应急预案评审程序主要包括哪些内容？

答：应急预案编制完成后，生产经营单位应在广泛征求意见的基础上，对应急预案进行评审。评审程序如表 2-6 所示。

表 2-6　　　　　　　　应急预案评审程序

评审程序	具体内容和要求
1. 评审准备	成立应急预案评审工作组,将应急预案及有关资料在评审前送达参加评审的单位或人员
2. 组织评审	评审工作应由生产经营单位主要负责人或主管安全生产工作的负责人主持,参加评审人员应符合《生产安全事故应急预案管理办法》要求。生产经营规模小、人员少的单位,可以采取演练的方式对应急预案进行论证,必要时应邀请相关主管部门或安全管理人员参加。应急预案评审工作组讨论并提出会议评审意见
3. 修订完善	生产经营单位应认真分析研究评审意见,按照评审意见对应急预案进行修订和完善。评审意见要求重新组织评审的,生产经营单位应组织有关部门对应急预案重新进行评审
4. 批准印发	生产经营单位的应急预案经评审或论证,符合要求的,由生产经营单位主要负责人签发

18. 应急预案评审要点有哪些？

答：应急预案评审应坚持实事求是的工作原则，结合生产经营单位工作实际，一般从下面七个方面进行评审。

（1）合法性。符合有关法律、法规、规章和标准，以及有关部门和上级单位规范性文件要求。

（2）完整性。具备《生产经营单位生产安全事故应急预案编制

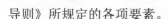

导则》所规定的各项要素。

（3）针对性。紧密结合本单位危险源辨识与风险分析。

（4）实用性。切合本单位工作实际，与生产安全事故应急处置能力相适应。

（5）科学性。组织体系、信息报送和处置方案等内容科学合理。

（6）操作性。应急响应程序和保障措施等内容切实可行。

（7）衔接性。综合、专项应急预案和现场处置方案形成体系，并与相关部门或单位应急预案相互衔接。

19. 电力企业应急预案评审有哪些要求？

答：电力企业应急预案编制修订完成后，应当按照《电力企业应急预案评审与备案细则》（国能综安全〔2014〕953 号）规定，及时组织开展应急预案评审工作。

（1）应急预案评审前，电力企业应当组织相关人员对专项应急预案进行桌面演练，以检预案的可操作性。根据需要，可对多个应急预案组织开展联合桌面演练。演练应当记录、存档。

（2）评审工作由编制应急预案的电力企业或其上级单位组织。组织应急预案评审的单位应组建评审专家组（参加评审专家人数不应少于 2 人），对应急预案的形式、要素进行评审。评审工作可邀请预案涉及的有关政府部门、国家能源及其派出机构和相关单位人员参加。

电力企业也可根据单位实际情况，委托第三方机构组织评审工作。

20. 电力企业应急预案评审方法有哪些？

答：电力企业应急预案评审包括形式评审和要素评审。

（1）形式评审。依据有关行业规范，对照电力企业应急预案形式评审表，如表 2-7 所示，对应急预案的层次机构、内容格式、语言文字、附件项目以及编制程序等内容进行审查，重点审查应急预案的规范性和编制程序。

电力应急一本通

表 2-7 电力企业应急预案形式评审表

评审项目	评审内容及要求	评审意见		
		符合	基本符合	不符合
封面	应急预案编号、应急预案版本号、生产经营单位名称、应急预案名称、编制单位名称、颁布日期等内容			
批准页	1. 对应急预案实施提出具体要求。 2. 发布单位主要负责人签字或单位盖章			
目录	1. 页码标注准确（预案简单时目录可省略）。 2. 层次清晰，编号和标题编排合理			
正文	1. 文字通顺、语言精练、通俗易懂。 2. 结构层次清晰，内容格式规范。 3. 图表、文字清楚，排版合理（名称、顺序、大小等）。 4. 无错别字，同类文字的字体、字号统一			
附件	1. 附件项目齐全，编排有序合理。 2. 多个附件应标明附件的对应序号。 3. 需要时，附件可以独立装订			
编制过程	1. 成立应急预案编制工作组。 2. 全面分析本单位危险因素，确定可能发生的事故类型及危害程度。 3. 针对危险源和危害程度，制定相应的防范措施。 4. 客观评价本单位应急能力，掌握可利用的社会应急资源情况。 5. 制定相关专项预案和现场处置方案，建立应急预案体系。 6. 充分征求相关部门和单位的意见，并对意见及采纳情况进行记录。 7. 必要时与相关专业应急救援单位签订应急救援协议。 8. 应急预案评审前的桌面演练记录。 9. 重新修订后评审的，一并注明			

评审专家签字：

（2）要素评审。依据有关行业规范，对照应急预案要素评审表如表 2-8～表 2-10 所列内容，从合法性、完整性、针对性、实用性、科学性、操作性和衔接性等方面进行评审，判断是否符合有关要求，指出存在问题及不足。

表 2-8   电力企业综合应急预案要素评审表

评审项目		评审内容及要求	评审意见		
			符合	基本符合	不符合
总则	编制目的	目的明确,简明扼要			
	编制依据	1. 引用的法规标准合法有效。 2. 明确相衔接的上级预案,不得越级引用应急预案			
	适用范围*	范围明确,适用的事故类型和响应级别合理			
	应急预案体系*	1. 能够清晰表述本单位及所属单位应急预案组成和衔接关系(推荐使用框图形式)。 2. 能够覆盖本单位及所属单位可能发生的事故类型			
	应急工作原则	1. 符合国家有关规定和要求。 2. 结合本单位应急工作实际			
事故风险描述*		简述生产经营单位存在或可能存在发生的事故风险种类、发生的可能性以及严重程度及影响范围等			
组织机构及职责*	应急组织机构	能够清晰描述本单位的应急组织形式及组成单位或人员(推荐使用结构图的形式)			
	指挥机构职责	1. 应急组织机构构成部门职责明确。 2. 各应急工作小组设置合理,工作任务及职责明确			
预警及信息报告*	预警*	明确预警的条件、方式、方法和信息发布的程序			
	信息报告*	1. 明确24h应急值守电话、事故信息接收、通报程序和责任人。 2. 明确事故发生后向上级主管部门或单位报告事故信息的流程、内容、时限和责任人。 3. 明确事故发生后向本单位以外的有关部门或单位通报事故信息的方法、程序和责任人			
应急响应	响应分级*	1. 分级清晰,且与上级应急预案响应分级衔接。 2. 能够体现事故紧急和危害程度。 3. 明确分级响应的基本原则			
	响应程序*	1. 立足于控制事态发展,减少事故损失。 2. 明确救援过程中各专项应急功能的实施程序。 3. 明确扩大应急的基本条件及原则			

续表

评审项目		评审内容及要求	评审意见		
			符合	基本符合	不符合
应急响应	处置措施*	1. 可能发生的事故风险、事故危害程度和影响范围，明确相应的应急处置措施。 2. 明确处置原则和具体要求			
	应急结束	1. 明确应急响应结束的基本条件。 2. 明确应急响应结束的要求			
信息公开		1. 明确向有关新闻媒体、社会公众通报事故信息的部门、负责人。 2. 明确向有关新闻媒体、社会公众通报事故信息的程序。 3. 明确向有关新闻媒体、社会公众通报事故信息的通报原则			
后期处置		1. 明确事故发生后，污染物处理、生产恢复、善后赔偿等内容。 2. 明确应急救援评估等内容			
保障措施*		1. 明确相关单位或人员的通信方式，提供备用方案，确保应急期间信息通畅。 2. 明确各类应急资源，包括专业应急救援队伍、兼职应急队伍的组织机构以及联系方式。 3. 明确应急装备、设施和器材及其存放位置清单，以及保证其有效性的措施。 4. 明确应急工作经费保障方案			
应急预案管理	应急预案培训*	1. 明确本单位开展应急管理培训的计划和方式方法。 2. 如果应急预案涉及周边社区和居民，应明确相应的应急宣传教育工作			
	应急预案演练*	不同类型应急预案演练的形式、范围、频次、内容以及演练评估、总结等要求			
	应急预案修订	1. 明确应急预案修订的基本要求。 2. 明确应急预案定期评审的要求			
	应急预案实施	明确应急预案实施的具体时间、负责制定与解释的部门			

注 * 应急预案的关键要素。

评审专家签字：

表 2-9　　　　　　　　电力企业专项应急预案要素评审表

评审项目		评审内容及要求	评审意见		
			符合	基本符合	不符合
事故风险描述*		针对可能的事故风险，分析事故发生的可能性以及严重程度、影响范围等			
组织机构及职责*	应急组织体系*	1. 能够清晰描述本单位的应急组织（推荐使用图表）。 2. 明确应急组织成员日常及应急状态下的工作职责			
	指挥机构及职责*	1. 清晰描述本单位应急指挥体系。 2. 应急指挥部门职责明确。 3. 各应急救援小组设置合理，应急工作明确			
处置程序*		1. 明确事故及事故险情信息报告程序和内容，报告方式和责任人等内容。 2. 根据事故响应级别，具体描述事故接警报告和记录、应急指挥机构启动、应急指挥、资源调配、应急救援、扩大应急等应急响应程序			
处置措施*		1. 针对事故种类制定相应的应急处置措施。 2. 符合实际，科学合理。 3. 程序清晰，简单易行			

注　* 应急预案的关键要素。如果专项应急预案作为综合应急预案的附件，综合应急预案已经明确的要素，专项应急预案可省略。

评审专家签字：

表 2-10　　　　　　　　电力企业应急预案附件要素评审表

评审项目	评审内容及要求	评审意见		
		符合	基本符合	不符合
有关部门、机构或人员的联系方式	1. 列出应急工作需要联系的部门、机构或人员的多种联系方式，并保证准确有效。 2. 发生变化时，及时更新			
应急物资装备的名录或清单	以表格形式列出主要物资和装备名称、型号、性能、数量、存放地点、运输和使用条件、管理责任和联系电话等			
规范化格式文本	给出信息接报、处理、上报等规范化格式文本，要求规范、清晰、简洁			

续表

评审项目	评审内容及要求	评审意见		
		符合	基本符合	不符合
关键的路线、标识和图纸	1. 警报系统分布及覆盖范围。 2. 重要防护目标、危险源一览表、分布图。 3. 应急救援指挥位置及救援队伍行动路线。 4. 疏散路线、重要地点等标识。 5. 相关平面布置图纸、救援力量分布图等			
有关协议或备忘录	列出与相关应急救援部门签订的应急支援协议或备忘录			

注 附件根据应急工作需要而设置，部分项目可省略。

评审专家签字：

应急预案评审采用符合、基本符合、不符合三种意见进行判定。判定为基本符合和不符合的项目，评审专家应给出具体修改意见或建议。评审专家组成员按照"谁评审、谁签字、谁负责"原则，出具评审意见，如表2-11所示，并签字确认。

表2-11 电力企业应急预案评审意见表

单位名称：

应急预案名称	
应急预案编制人员	
应急预案评审专家	
修改意见及建议（版面不够可转背页）： ××年××月××日，××公司在××（地点）召开了××应急预案专家评审会议。 评审专家组参照《电力企业应急预案评审与备案细则》，从合法性、完整性、针对性、实用性、科学性、操作性和衔接性等方面，对应急预案的层次机构、语言文字、要素内容、附件目录等进行了系统的审查，并查看了应急预案桌面演练的记录，形成如下评审意见： 一、××× 二、××× 三、××× 评审专家组一致认为，×××。 评审专家组（签字）： 　　　　　　　　　　　　　　　　　年　月　日	
备注	

21. 各层面应急预案如何审批、印发?

答: 依据《突发事件应急预案管理办法》(国办发〔2013〕101号)各层面应急预案审批、印发相关规定如下:

(1)国家层面。总体应急预案报国务院审批,以国务院名义印发;专项应急预案报国务院审批,以国务院办公厅名义印发;部门应急预案由部门有关会议审议决定,以部门名义印发,必要时,可以由国务院办公厅转发。

(2)地方政府。总体应急预案应当经本级人民政府常务会议审议,以本级人民政府名义印发;专项应急预案应当经本级人民政府审批,必要时经本级人民政府常务会议或专题会议审议,以本级人民政府办公厅(室)名义印发;部门应急预案应当经部门有关会议审议,以部门名义印发,必要时,可以由本级人民政府办公厅(室)转发。

(3)单位和基层组织。经本单位或基层组织主要负责人或分管负责人签发,审批方式根据实际情况确定。

22. 生产经营单位应急预案发布是如何规定的?

答: 生产经营单位的应急预案经评审或者论证后,由本单位主要负责人签署公布,并及时发放到本单位有关部门、岗位和相关应急救援队伍。

事故风险可能影响周边其他单位、人员的,生产经营单位应当将有关事故风险的性质、影响范围和应急防范措施告知周边其他单位和人员。

23. 生产经营单位应急预案备案是如何规定的?

答: 生产经营单位应当在应急预案公布之日起 20 个工作日内,按照分级属地原则,向安全生产监督管理部门和有关部门进行告知性备案。

生产经营单位申报应急预案备案应当提交下列材料:

(1)应急预案备案申请表。

（2）应急预案评审或者论证意见。

（3）应急预案文本及电子文档。

（4）风险评估结果和应急资源调查清单。

24. 应急预案告知性备案如何理解?

答:《生产安全事故应急预案管理办法》第二十六条规定:生产经营单位应当在应急预案公布之日起 20 个工作日内,按照分级属地原则,向安全生产监督管理部门和有关部门进行告知性备案。

"告知性"指只需要提供相关资料给有关机关,负责备案的机构进行形式审查,而无须进行实质性审查。告知性备案可以解读为安全生产监督管理部门和有关部门只需检查企业提供的应急预案备案材料种类是否符合规定,企业所填写的应急预案备案申请表内容是否规范,应急预案文本、申请表、专家意见等签字（印章）是否齐全。对于预案文本内容是否合乎当前法律法规、是否符合企业实际情况、编写水平质量是否合格不再属于安监部门和有关部门的管理范围之内。

25. 电力企业应急预案备案是如何规定的?

答:《电力企业应急预案评审与备案细则》(国能综安全〔2014〕953 号)规定,电力企业应当在应急预案正式签署印发后 20 个工作日内,将本单位有关应急预案按照下列规定进行备案:

（1）中央电力企业（集团公司或总部）向国家能源局备案。

（2）国家能源局派出机构监管范围内地调以上调度的发电企业向所在地派出机构备案。国家能源局派出机构监管范围内地（市）级以上供电企业向所在地派出机构备案。国家能源局派出机构监管范围内工期两年以上电力建设工程,其电力建设单位向所在地派出机构备案。

（3）政府其他有关部门对应急预案有备案要求的,同时报备。需要备案的应急预案包括:综合应急预案、自然灾害类、事故灾难类相关专项应急预案。

26. 电力企业应急预案备案应当提交哪些材料?

答: 电力企业进行应急预案备案时,应先登录国家能源局应急预案互联网报备管理系统进行网上申请,填写应急预案备案申请表,如表 2–12 所示,并提交以下材料。

(1)本单位应急预案目录。

(2)应急预案形式评审表(见表 2–7)、应急预案评审意见表(见表 2–11)扫描件。

(3)应急预案发布相关文件扫描件。

表 2–12　　　　　　　　电力企业应急预案备案申请表

单位名称		主要负责人	
联系人		联系电话	
单位地址		邮政编码	
传　真		电子邮箱	
应急预案编制、评审基本信息	应急预案编写人员: 编写日期:　年　月　日		
	应急预案评审前桌面演练情况(需说明演练参与人员、日期等):		
	应急预案评审人员: 评审日期:　年　月　　日		
	根据评审意见,我单位对应急预案进行了修订完善,并于　　年　月　日由　　　签署印发。		
根据《电力企业应急预案管理办法》《电力企业应急预案评审与备案细则》,现将我单位编制的: 等预案报上,请予备案。 　　　　　　　　　　　　　　　　　　(盖　章) 　　　　　　　　　　　　　　　　　　年　　月　　日			

27. 电力企业应急预案修订是如何规定的?

答:(1)电力企业编制的应急预案应当每三年至少修订一次,预案修订结果应当详细记录。

(2)有下列情况之一的,电力企业应当及时对应急预案进行相应修订:

1)企业生产规模发生较大变化或进行重大技术改造的。

2)企业隶属关系发生变化的。

3)周围环境发生变化、形成重大危险源的。

4)应急指挥体系、主要负责人、相关部门人员或职责已经调整的。

5)依据的法律、法规和标准发生变化的。

6)应急预案演练、实施或应急预案评估报告提出整改要求的。

7)国家能源局及其派出机构或有关部门提出要求的。

28. 电力企业应急预案培训要求有哪些?

答:电力企业应当将应急预案培训纳入本单位安全生产培训工作计划,通过编发培训材料、举办培训班、开展工作研讨等方式,对与应急预案实施密切相关的管理人员和专业救援人员等每年至少组织一次预案培训,使从业人员熟悉本单位应急预案、具备基本的应急技能、掌握本岗位事故防范措施和应急处置程序。培训内容应当包括本单位应急预案体系构成、应急组织机构及职责、应急资源保障情况以及针对不同类型突发事件的预防和处置措施等。应急预案培训教育应考核并记录在案。

对需要公众广泛参与的非涉密的应急预案,电力企业应当配合有关政府部门做好宣传工作。

29. 生产安全事故应急预案管理应遵循什么原则?

答:应急预案管理应遵循"属地为主,分级负责、分类指导、综合协调、动态管理"的原则。国家安全生产监督管理总局负责全国应急预案的综合协调管理工作;县级以上地方各级安全生产监督管理部门负责本行政区域内应急预案的综合协调管理工作;县级以上地方各级其他负有安全生产监督管理职责的部门按照各自的职责负责有关行业、领域应急预案的管理工作；生产经营单位主要负责人负责组织编制和实施本单位的应急预案，并对应急预案的真实性和实用性负责。

30．大面积停电事件是指什么？

答："大面积停电事件"是指由于自然灾害、外力破坏和电力安全事故等原因造成区域性电网、省级电网和城市电网大量减供负荷，对国家安全、社会稳定以及人民群众生产生活造成影响和威胁的停电事件。

31．大面积停电事件造成的影响有哪些？

答：电力是经济发展和民众生活不可或缺的能源，大规模停电将对社会造成巨大影响，严重影响经济建设、人民生活，甚至对社会安定、国家安全造成极大威胁。

（1）导致政府部门、军队、公安、消防等重要机构电力供应中断，影响其正常运转，不利于社会安定和国家安全。

（2）导致化工、冶金、煤矿、非煤矿山等高危用户电力中断，引发生产运营事故及次生衍生灾害。

（3）导致大型商场、广场、影剧院、住宅小区、医院、学校、大型写字楼、大型游乐场等高密度人口聚集点基础设施电力中断，引发群众恐慌，扰乱社会秩序。

（4）导致城市交通拥塞甚至瘫痪，电铁、机场供电中断，大批旅客滞留。

（5）在当前微博、互联网等信息快速传播的新媒体时代，停电事件极易成为社会舆论热点；在公众不明真相的情况下，可能造成公众恐慌情绪，影响社会稳定。

32．大面积停电事件应对工作原则是什么？

答：大面积停电事件应对工作坚持"统一领导、综合协调，属地为主、分工负责，保障民生、维护安全，全社会共同参与"的原则。

"统一领导、综合协调"是指大面积停电事件应对必须坚持由各级人民政府统一领导,成立组织指挥机构,在应对工作中实行统一指挥,并履行综合协调职责,各级人民政府及其相关部门要在统一领导和协调下开展相应处置工作。

"属地为主、分工负责"是指大面积停电事件应对工作的责任主体是县级以上地方人民政府,属地为主但不排除上级政府及其有关部门对工作的指导,甚至统一领导和指挥,不排除事发地部门的协同义务。国务院、地方人民政府相关部门,电力企业,重要电力用户等按各自职责负责相应应对工作。

"保障民生、维护安全"是指在大面积停电事件处置过程中,要优先保障居民基本生活,并加强对涉及国家安全和公共安全的重点单位、重要目标等的安全保卫工作,维护社会安全和稳定。

"全社会共同参与"是指大面积停电事件属社会突发事件,会对全社会、各行业造成影响和损失,需要全社会共同参与和应对。

33. 大面积停电事件分级标准是如何规定的?

答: 依据《国家大面积停电事件应急预案》(国办函〔2015〕134号),大面积停电事件分为特别重大、重大、较大和一般四个级别,分级标准如表2-13所示。

表2-13 大面积停电事件分级标准

分级标准事件级别	分级标准
特别重大大面积停电事件	1. 区域性电网:减供负荷30%以上。 2. 省、自治区电网:负荷20 000MW以上的减供负荷30%以上,负荷5000MW以上20 000MW以下的减供负荷40%以上。 3. 直辖市电网:减供负荷50%以上,或60%以上供电用户停电。 4. 省、自治区人民政府所在地城市电网:负荷2000MW以上的减供负荷60%以上,或70%以上供电用户停电
重大大面积停电事件	1. 区域性电网:减供负荷10%以上30%以下。 2. 省、自治区电网:负荷20 000MW以上的减供负荷13%以上30%以下,负荷5000MW以上20 000MW以下的减供负荷16%以上40%以下,负荷1000MW以上5000MW以下的减供负荷50%以上。 3. 直辖市电网:减供负荷20%以上50%以下,或30%以上60%以下供电用户停电。

分级标准事件级别	分级标准
重大大面积停电事件	4. 省、自治区人民政府所在地城市电网：负荷 2000MW 以上的减供负荷 40%以上 60%以下，或 50%以上 70%以下供电用户停电；负荷 2000MW 以下的减供负荷 40%以上，或 50%以上供电用户停电。 5. 其他设区的市电网：负荷 600MW 以上的减供负荷 60%以上，或 70%以上供电用户停电
较大大面积停电事件	1. 区域性电网：减供负荷 7%以上 10%以下。 2. 省、自治区电网：负荷 20 000MW 以上的减供负荷 10%以上 13%以下，负荷 5000MW 以上 20 000MW 以下的减供负荷 12%以上 16%以下，负荷 1000MW 以上 5000MW 以下的减供负荷 20%以上 50%以下，负荷 1000MW 以下的减供负荷 40%以上。 3. 直辖市电网：减供负荷 10%以上 20%以下，或 15%以上 30%以下供电用户停电。 4. 省、自治区人民政府所在地城市电网：减供负荷 20%以上 40%以下，或 30%以上 50%以下供电用户停电。 5. 其他设区的市电网：负荷 600MW 以上的减供负荷 40%以上 60%以下，或 50%以上 70%以下供电用户停电；负荷 600MW 以下的减供负荷 40%以上，或 50%以上供电用户停电。 6. 县级市电网：负荷 150MW 以上的减供负荷 60%以上，或 70%以上供电用户停电
一般大面积停电事件	1. 区域性电网：减供负荷 4%以上 7%以下。 2. 省、自治区电网：负荷 20 000MW 以上的减供负荷 5%以上 10%以下，负荷 5000MW 以上 20 000MW 以下的减供负荷 6%以上 12%以下，负荷 1000MW 以上 5000MW 以下的减供负荷 10%以上 20%以下，负荷 1000MW 以下的减供负荷 25%以上 40%以下。 3. 直辖市电网：减供负荷 5%以上 10%以下，或 10%以上 15%以下供电用户停电。 4. 省、自治区人民政府所在地城市电网：减供负荷 10%以上 20%以下，或 15%以上 30%以下供电用户停电。 5. 其他设区的市电网：减供负荷 20%以上 40%以下，或 30%以上 50%以下供电用户停电。 6. 县级市电网：负荷 150MW 以上的减供负荷 40%以上 60%以下，或 50%以上 70%以下供电用户停电；负荷 150MW 以下的减供负荷 40%以上，或 50%以上供电用户停电

注　上述分级标准有关数量的表述中，"以上"含本数，"以下"不含本数。

34. 国家大面积停电事件应急预案的修订背景是什么？

答：（1）新法律法规出台。近年来，国家先后颁布或修订实施了《电力安全事故应急处置和调查处理条例》《突发事件应急预案管理办法》《中华人民共和国安全生产法》等法律法规，新《预案》应满足其要求。

（2）优化实践经验。近年来，我国在突发事件应急预案理论、技术研究等方面快速发展，特别是国家新近修订颁布的《国家地震应急预案》《国家突发环境事件应急预案》等国家专项预案，为修订工作提供了有益借鉴；电力企业也不断完善预案体系，编制实施了40余万件各级各类应急预案，对预案管理进行了深入思考，积累了丰富的实践经验。

（3）新的发展形势要求。近年来，国家电力行业发生巨大变化，电网和电源建设发展规模不断扩大，电网进入特高压时代，电压等级不断升高，大容量高参数发电机组不断增多，电力系统安全运行面临更大风险，同时，电力在国民经济生产生活中占据越来越重要的位置，一旦发生大面积停电事件，将对社会造成巨大影响和损失，新的发展形势对电力安全稳定运行和高效应急处置提出更高要求。

（4）持续跟进完善。自 2005 年预案实施以来，我国先后发生了多起大面积停电事件，特别是 2008 年南方雨雪冰冻灾害、"5·12"汶川特大地震灾害、"威马逊"超强台风等灾害引发的停电以及"7·1"华中电网停电、"4·10"深圳电网停电等事故，国外发生了印度电网大停电事故等，启示十分深刻，经验尤为宝贵，新《预案》应跟进完善。

（5）管理体制变革。2013 年国务院实施机构改革，电监会与能源局合并组建了新的国家能源局，承担电力规划、计划和政策拟订并组织实施，同时承担电力安全监管和电力应急管理职责，国家电力管理体制发生了变化。同时，国家电力体制改革深入推进，电力企业合并重组、输配分开等步伐加快，企业管理体制发生相应变化，新《预案》的修订应与电力行业管理体制变化相适应。

35. 国家大面积停电事件应急预案中各层级组织指挥体系及职责是什么？

答：（1）国家层面指挥机构。国家能源局负责大面积停电事件应对的指导协调和组织管理工作。当发生重大、特别重大大面积停电事件时，国家能源局或事发地省级人民政府按程序报请国务院批准，或根据国务院领导指示，成立国务院工作组，负责指导、协调、支持有关地方人民政府开展大面积停电事件应对工作。必要时，由国务院或国务院授权发展改革委成立国家大面积停电事件应急指挥部，统一领导、组织和指挥大面积停电事件应对工作。

（2）地方层面组织指挥机构。县级以上地方人民政府负责指挥、协调本行政区域内大面积停电事件应对工作，要结合本地实际，明确相应组织指挥机构，建立健全应急联动机制。发生跨行政区域的大面积停电事件时，有关地方人民政府应根据需要建立跨区域大面积停电事件应急合作机制。新《预案》明确了各级地方人民政府电力运行主管部门为大面积停电事件应对和响应的责任承接单位。

（3）现场指挥机构。负责大面积停电事件应对的人民政府根据需要成立现场指挥部，负责现场组织指挥工作，参与现场处置的有关单位和人员应服从现场指挥部的统一指挥。

（4）电力企业。电力企业（包括电网企业、发电企业等，下同）应建立健全应急指挥机构，在政府组织指挥机构领导下开展大面积停电事件应对工作。电网调度工作按照《电网调度管理条例》及相关规程执行。在大面积停电事件应对中，相关电力企业主要负责开展"先期处置，全力控制事件发展态势"；电网企业"迅速组织力量抢修受损电网设备设施"，以及"根据应急指挥机构的要求，向重要电力用户及重要设施提供必要的电力支援"；发电企业"保证设备安全，抢修受损设备，做好发电机组并网运行准备"等工作。

另外，《预案》要求各级组织指挥机构根据需要成立大面积停电事件应急专家组，成员由电力、气象、地质、水文等领域相关专家组成，对大面积停电事件应对工作提供技术咨询和建议。

第三章 应 急 演 练

第一节 应急演练相关知识

1. 应急演练的定义是什么?

答: 应急演练是指各级人民政府及其部门、企事业单位、社会团体等组织相关单位及人员,依据有关应急预案,模拟应对突发事件的活动。

2. 为什么要开展应急演练?

答: (1)检验预案。通过开展应急演练,查找应急预案中存在的问题,进而完善应急预案,提高应急预案的实用性和可操作性。

(2)完善准备。通过开展应急演练,检查应对突发事件所需应急队伍、物资、装备、技术等方面的准备情况,发现不足及时予以调整补充,做好应急准备工作。

(3)锻炼队伍。通过开展应急演练,增强演练组织单位、参与单位和人员等对应急预案的熟悉程序,提高其应急处置能力。

(4)磨合机制。通过开展应急演练,进一步明确相关单位和人员的职责任务,理顺工作关系,完善应急机制。

(5)科普宣教。通过开展应急演练,普及应急知识,提高公众风险防范意识和自救互救等灾害应对能力。

3. 应急演练的分类包括哪些?

答: 应急演练按组织形式划分可分为桌面演练和实战演练;按内容划分,应急演练可分为单项演练和综合演练;按目的与作用划分,应急演练可分为检验性演练、示范性演练和研究性演练。其分类如图 3-1 所示。

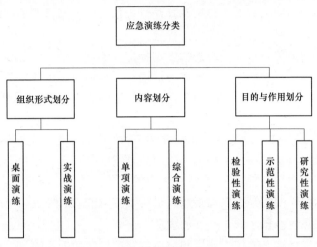

图 3-1 应急演练分类图

4. 桌面演练的开展方式和演练目的是什么？

答：桌面演练是指参演人员利用地图、沙盘、流程图、计算机模拟、视频会议等辅助手段，针对事先假定的演练情景，讨论和推演应急决策及现场处置的过程。其目的是促进相关人员掌握应急预案中所规定的职责和程序，提高指挥决策和协同配合能力，桌面演练通常在室内完成。

5. 实战演练的开展方式和演练目的是什么？

答：实战演练。实战演练是指参演人员利用应急处置涉及的设备和物资，针对事先设置的突发事件情景及其后续的发展情景，通过实际决策、行动和操作，完成真实应急响应的过程。其目的是检验和提高相关人员的临场组织指挥、队伍调动、应急处置技能和后勤保障等应急能力。实战演练通过要在特定场所完成。

6. 综合演练与单项演练的特点分别是什么？

答：综合演练是指涉及应急预案中多项或全部应急响应功能的

演练活动。注重对多个环节和功能进行检验，特别是对不同单位之间应急机制和联合应对能力的检验。

单项演练是指涉及应急预案中特定应急响应功能或现场处置方案中一系列应急响应功能的演练活动。注重针对一个或少数几个参与单位（岗位）的特定环节和功能进行检验。

7. 检验性、示范性、研究性演练的目的分别是什么？

答：检验性演练是指为检验应急预案的可行性、应急准备的充分性、应急机制的协调性及相关人员的应急处置能力而组织的演练。

示范性演练是指为向观摩人员展示应急能力或提供示范教学，严格按照应急预案规定开展的表演性演练。

研究性演练是指为研究和解决突发事件应急处置的、难点问题，试验新方案、新技术、新装备而组织的演练。不同类型的演练相互组合，可以形成单项桌面演练、综合桌面演练、单项实战演练、综合实战演练、示范性单项演练、示范性综合演练等。

8. 什么是无脚本演练？开展无脚本演练的意义是什么？

答：无脚本演练是指演练的内容、时间、地点、突发事件背景等相关信息不预先告知参演人员，完全按照实际情况模拟开展应急演练。无脚本演练着重考察参演人员对应急预案、现有设备、应急资源等掌握情况及应对能力，有助于提高分析研判、决策指挥、组织协调和应急反应能力。

第二节　应急演练组织机构

9. 应急演练的组织机构如何构成？

答：演练应在相关预案确定的应急领导机构或指挥机构领导下组织开展。演练组织单位要成立由相关单位领导组成的演练领导小组，通常下设策划、保障和评估三个部门；对于不同类型和规模的演练活动，其组织机构和职能可以适当调整。根据需要，可成立现场指挥部，其结构图如图 3-2 所示。

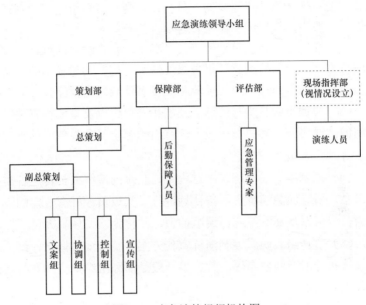

图 3-2　应急演练组织机构图

10. 演练领导小组人员构成有哪些?

答：演练领导小组负责应急演练活动全过程的组织领导，审批决定演练的重大事项。演练领导小组组长一般由演练组织单位或其上级单位的负责人担任；副组长一般由演练组织单位或主要协办单位负责人担任；小组其他成员一般由各演练参与单位相关负责人担任。在演练实施阶段，演练领导小组组长、副组长通常分别担任演练总指挥、副总指挥。

11. 策划部的具体工作职责及其下设机构有哪些?

答：负责应急演练策划、演练方案设计、演练实施的组织协调、演练评估总结等工作。策划部设总策划、副总策划，下设文案组、协调组、控制组、宣传组等。

（1）总策划。总策划是演练准备、演练实施、演练总结等阶段

39

各项工作的主要组织者，一般由演练组织单位具有应急演练组织经验和突发事件应急处置经验的人员担任；副总策划协助总策划开展工作，一般由演练组织单位或参与单位的有关人员担任。

（2）文案组。在总策划的直接领导下，负责制定演练计划、设计演练方案、编写演练总结报告以及演练文档归档与备案等；其他成员应具有一定的演练组织经验和突发事件应急处置经验。

（3）协调组。负责与演练涉及的相关单位以及本单位有关部门之间的沟通协调，其成员一般为演练组织单位及参与单位的行政、外事等部门人员。

（4）控制组。在演练实施过程中，负责向演练人员传送各类控制消息，引导应急演练进程按计划进行。其成员最好有一定的演练经验，也可以从文案组和协调组抽调，常称为演练控制人员。

（5）宣传组。负责编制演练宣传方案，整理演练信息、组织新闻媒体和开展新闻发布等。其成员一般是演练组织单位及参与单位宣传部门人员。

12. 演练过程中保障部具体有哪些职责？

答：保障部负责调集演练所需物资装备，购置和制作演练模型、道具、场景，准备演练场地，维持演练现场秩序，保障运动车辆，保障人员生活和安全保卫等。其成员一般是演练组织单位及参与单位后勤、财务、办公等部门人员，常称为后勤保障人员。

13. 演练过程中评估组的工作职责有哪些？

答：评估组负责设计演练评估方案和演练评估报告，对演练准备、组织、实施及其安全事项进行全过程、全方位评估，及时向演练领导小组、策划部和保障部提出意见、建议。其成员一般是应急管理专家、具有一定演练评估经验和突发事件应急处置经验专业人员，常称为演练评估人员。评估组可由上级部门组织，也可由演练组织单位自行组织。

第三节　演练全过程管理

14. 应急演练准备包括哪些步骤？具体工作内容是什么？

答: 应急演练准备包括制定演练计划、设计演练方案、演练动员与培训和应急演练保障四个环节。

演练计划包括以下内容：

（1）确定演练目的，明确举办应急演练的原因、演练要解决的问题和期望达到的效果等。

（2）分析演练需求，在对事先设定事件的风险及应急预案进行认真分析的基础上，确定需调整的演练人员、需锻炼的技能、需检验的设备、需完善的应急处置流程和需进一步明确的职责等。

（3）确定演练范围，根据演练需求、经费、资源和时间等条件的限制，确定演练事件类型、等级、地域、参演机构及人数、演练方式等。演练需求和演练范围往往互为影响。

（4）安排演练准备与实施的日程计划，包括各种演练文件编写与审定的期限、物资器材准备的期限、演练实施的日期等。

（5）编制演练经费预算，明确演练经费筹措渠道。

演练方案包括以下内容：

（1）确定演练目标。演练目标是需完成的主要演练任务及其达到的效果，一般说明"由谁在什么条件下完成什么任务，依据什么标准，取得什么效果"。演练目标应简单、具体、可量化、可实现。一次演练一般有若干项演练目标，每项演练目标都要在演练方案中有相应的事件和演练活动予以实现，并在演练评估中有相应的评估项目判断该目标的实现情况。

（2）设计演练情景与实施步骤。演练情景要为演练活动提供初始条件，还要通过一系列的情景事件引导演练活动继续，直至演练完成。演练情景包括演练场景概述和演练场景清单。要对每一处演练场景的概要说明，主要说明事件类别、发生的时间地点、发展速度、强度与危险性、受影响范围、人员和物资分布、已造成的损失、后续发展预测、气象及其他环境条件等。要明确演练过程中各场景的时间顺序列表和空间分布情况。演练场景之间的逻辑关联依赖于事件发展规律、控制消息和演练人员收到控制消息后应采取的行动。

（3）设计评估标准与方案。演练评估是通过观察、体验和记录演练活动，比较演练实际效果与目标之间的差异，总结演练成效和不足的过程。演练评估应以演练目标为基础。每项演练目标都要设计合理的评估项目方法、标准。根据演练目标的不同，可以用选择项（如：是/否判断，多项选择）、主观评分（如：1—差、3—合格、5—优秀）、定量测量（如：响应时间、被困人数、获救人数）等方法进行评估。为便于演练评估操作，通常事先设计好评估表格，包括演练目标、评估方法、评价标准和相关记录项等。有条件时还可以采用专业评估软件等工具。

（4）编写演练方案文件。演练方案文件是指导演练实施的详细工作文件。根据演练类别和规模的不同，演练方案可以编为一个或多个文件。编为多个文件时可包括演练人员手册、演练控制指南、演练评估指南、演练宣传方案、演练脚本等，分别发给相关人员。对涉密应急预案的演练或不宜公开的演练内容，还要制订保密措施。

（5）演练方案评审。对综合性较强、风险较大的应急演练，评估组要对演练方案进行评审，确保演练方案科学可行，以确保应急演练工作顺利进行。

演练前的动员与培训应开展以下工作：在演练开始前要进行演练动员和培训，确保所有演练参与人员掌握演练规则，演练情景和各自在演练中的任务。所有演练参与人员都要经过应急基本知识、演练基本概念、演练现场规则等方面的培训。对控制人员要进行岗位职责、演练过程控制和管理等方面的培训；对评估人员要进行岗位职责、演练评估方法、工具使用等方面的培训；对参演人员要进行应急预案、应急技能及个体防护装备使用等方面的培训。

15. 应急演练实施包括哪些环节？

答：演练实施过程中包括演练启动、演练执行、演练结束与终止。

演练正式启动前一般要举行简短仪式，由演练总指挥宣布演练开始并启动演练活动。演练开始后，过程中包括演练指挥与行动、演练过程控制、演练解说、演练记录、演练宣传报道。演练结束应由总策划发出结束信号，演练总指挥宣布演练结束。演练结束后所有人员停止演练活动，按预定方案集合进行现场总结讲评或者组织疏散。保障部负责组织人员对演练场地进行清理和恢复。

16. 演练指挥与行动应注意哪些环节？

答：（1）演练总指挥负责演练实施全过程的指挥控制。当演练总指挥不兼任总策划时，一般由总指挥授权总策划对演练全过程进行控制。

（2）按照演练方案要求，应急指挥机构指挥各参演队伍和人员，开展对模拟演练事件的应急处置行动，完成各项演练活动。

（3）演练控制人员应充分掌握演练方案，按总策划的要求，熟练发布控制信息，协调参演人员完成各项演练任务。

（4）参演人员根据控制消息和指令，按照演练方案规定的程序开展应急处置行动，完成各项演练活动。

（5）模拟人员按照演练方案要求，模拟未参加演练的单位或人员的行动，并做出信息反馈。

17. 如何进行演练中的过程管控？

答：总策划负责按演练方案控制演练过程。

（1）桌面演练过程控制。在讨论式桌面演练中，演练活动主要是围绕对所提出问题进行讨论。由总策划以口头或书面形式，部署引入一个或若干个问题。参演人员根据应急预案及有关规定，讨论应采取的行动。在角色扮演或推演式桌面演练中，由总策划按照演练方案发出控制消息，参演人员接收到事件信息后，通过角色扮演或模拟操作，完成应急处置活动。

（2）实战演练过程控制。在实战演练中，要通过传递控制消息来控制演练进程。总策划按照演练方案发出控制消息，控制人员向参演人员和模拟人员传递控制消息。参演人员和模拟人员接到信息后，按照发生真实事件的应急处置程序，可根据应急行动方案，采取相应的应急处置行动。控制消息可由人工传递，也可以用对讲机、电话、手机、传真机、网络等方式传送，或者通过特定的声音、标志、视频等呈现。演练过程中，控制人员应随时掌握演练进展情况，并向总策划报告演练中出现的各种问题。

18. 应急演练结束后应着重开展哪些方面工作？

答： 应急演练结束后应着重开展演练评估、演练总结、成果运用、文件归档与备案。

（1）演练评估。演练评估是在全面分析演练记录及相关资料的基础上，对比参演人员表现与演练目标要求，对演练活动及其组织过程做出客观评价，并编写演练评估报告的过程。所有应急演练活动都应进行演练评估。演练结束后可通过组织评估会议、填写演练评价表和对参演人员进行访谈等方式，也可要求参演单位提供自我评估总结材料，进一步收集演练组织实施的情况。演练评估报告的主要内容一般包括演练执行情况、预案的合理性与可操作性、应急指挥人员的指挥协调能力、参演人员的处置能力、演练所用设备装备的适用性、演练目标的实现情况、演练的成本效益分析、对完善预案的建议等。

（2）演练总结。可分为现场总结和事后总结。现场总结。在演练的一个或所有阶段结束后，由演练总指挥、总策划、专家评估组长等在演练现场有针对性地进行讲评和总结。内容主要包括本阶段的演练目标、参演队伍及人员的表现、演练中暴露的问题、解决问题的办法等。事后总结。在演练结束后，由文案组根据演练记录、演练评估报告、应急预案、现场总结等材料，对演练进行系统和全面的总结，并形成演练总结报告。演练总结报告的内容包括：演练目的，时间和地点，参演单位和人员，演练方案概要，发现的问题与原因，经验和教训，以及改进有关工作的建议等。

（3）成果运用。对演练中暴露出来的问题，演练单位应当及时采取措施予以改进，包括修改完善应急预案、有针对性地加强应急人员的教育和培训、对应急物资装备有计划地更新等，并建立改进任务表，按规定时间对改进情况进行监督检查。

（4）文件归档与备案。演练组织单位在演练结束后应将演练计划、演练方案、演练评估报告、演练总结报告等资料归档保存。对于由上级有关部门布置或参与组织的演练，或者法律、法规、规章要求备案的演练，演练组织单位应当将相关资料报有关部门备案。同时将本次演练中应急预案暴露的问题作为下阶段应急预案修编和改进的依据。

第四章　应急队伍管理

第一节　应急救援队伍管理

1. 国家应急救援队伍建设的基本原则是什么?

答: 坚持专业化与社会化相结合,着力提高基层应急队伍的应急能力和社会参与程度;充分依托现有各级电力企业应急资源,避免重复建设;坚持统筹规划、突出重点,逐步加强和完善基层应急队伍建设,形成规模适度、管理规范的基层应急队伍体系。形成统一领导、协调有序、专兼并存、优势互补、保障有力的基层应急队伍体系,应急救援能力基本满足本区域和重点领域突发事件应对工作需要,为最大限度地减少突发事件及其造成的人员财产损失、维护国家安全和社会稳定提供有力保障。

2. 基层应急队伍体系主要包括哪几类专业化队伍?

答: 国家规定基层专业应急队伍体系包括:

(1)防汛抗旱队伍。旱灾害常发地区和重点流域的县、乡级人民政府,组织民兵、预备役人员、农技人员、村民和相关单位人员参加,组建县、乡级防汛抗旱队伍。基层防汛抗旱队伍在当地防汛抗旱指挥机构的统一组织下,开展有关培训和演练工作,做好汛期巡堤查险和险情处置。充分发挥社会各方面作用,合理储备防汛抗旱物资,建立高效便捷的物资、装备调用机制。

(2)森林草原消防队伍。县乡级人民政府、村委会、国有林(农)场、森工企业、自然保护区和森林草原风景区等,组织本单位职工、社会相关人员建立森林草原消防队伍。加强森林草原扑火装备配备,开展防扑火技能培训和实战演练。要建立基层森林草原消防队伍与公安消防、当地驻军、预备役部队、武警部队和森林消防力量的联动机制，满足防扑火工作需要。

（3）气象灾害队伍。县级气象部门组织村干部和有经验的相关人员组建气象灾害应急队伍，接收和传达预警信息，收集并向相关方面报告灾害性天气实况和灾情，做好台风、强降雨、大风、沙尘暴、冰雹、雷电等极端天气防范的科普知识宣传工作，参与本社区、村镇气象灾害防御方案制订以及应急处置和调查评估等工作。

（4）地质灾害应急队伍。地质灾害应急队伍的主要任务是参与各类地质灾害的群防群控，开展防范知识宣传，隐患和灾情等信息报告，组织遇险人员转移，参与地质灾害抢险救灾和应急处置等工作。容易受气象、地质灾害影响的乡村、企业、学校等基层组织单位，在气象、地质部门的组织下，明确参与应急队伍的人员及其职责，定期开展相关知识培训。

（5）矿山、危险化学品应急救援队伍。煤矿和非煤矿山、危险化学品单位应当依法建立由专职或兼职人员组成的应急救援队伍。不具备单独建立专业应急救援队伍的小型企业，除建立兼职应急救援队伍外，还应当与邻近建有专业救援队伍的企业签订救援协议，或者联合建立专业应急救援队伍。应急救援队伍在发生事故时要及时组织开展抢险救援，平时开展或协助开展风险隐患排查。

（6）公用事业保障应急队伍。县级以下电力、供水、排水、燃气、供热、交通、市容环境等主管部门和基础设施运营单位，组织本区域有关企事业单位懂技术和有救援经验的职工，分别组建公用事业保障应急队伍，承担相关领域突发事件应急抢险救援任务。充分发挥设计、施工和运行维护人员在应急抢险中的作用，配备应急抢修的必要机具、运输车辆和抢险救灾物资，加强人员培训，提高安全防护、应急抢修和交通运输保障能力。

（7）卫生应急队伍。县级卫生行政部门根据突发事件类型和特点，依托现有医疗卫生机构，组建卫生应急队伍，配备必要的医疗救治和现场处置设备，承担传染病、食物中毒和急性职业中毒、群体性不明原因疾病等突发公共卫生事件应急处置和其他突发事件受伤人员医疗救治及卫生学处理，以及相应的培训、演练任务。

（8）重大动物疫情应急队伍。县级人民政府建立由当地兽医、卫生、公安、工商、质检和林业行政管理人员，动物防疫和野生动物保护工作人员，有关专家等组成的动物疫情应急队伍，具体承担家禽和野生动物疫情的监测、控制和扑灭任务。保持队伍的相对稳定，定期进行技术培训和应急演练，同时加强应急监测和应急处置所需的设施设备建设及疫苗、药品、试剂和防护用品等物资储备，提高队伍应急能力。

3. 如何组建电力应急救援队伍？

答：每个单位电力应急队伍数量及队伍人员组成应根据管理模式、地域分布特点、运维设备情况而确定。电力应急救援队伍成员平时在本单位参加日常生产经营活动，挂靠单位应保证三分之二以上队员在辖区内工作，并随时接受调遣参加应急救援。

如国家电网公司应急队伍及其人员数量根据国网公司系统单位设备运行维护管理模式、电网规模、区域大小和出现大面积电网设施损毁的几率等因素综合确定。省级电网企业应急队伍中输、变电专业人员数量原则上按 3:1 配备，以所辖输变电工程施工和专业运行检修单位在岗人员为基础组建。地市级供电公司以输变配电工程施工或运行检修单位在岗人员为基础组建。应急队伍的人员构成和装备配置应符合主辅专业搭配、内外协调并重、技能和体能兼顾、气候和地理环境适应性强等要求。

4. 电力应急救援队伍职责有哪些？

答：事故发生地有关单位、各类安全生产应急救援队伍接到地方人民政府及有关部门的应急救援指令或有关企业的请求后，应当及时出动参加事故救援。

救援队伍指挥员应为指挥部成员，应参与制订救援方案等重大决策，并根据救援方案和总指挥命令组织实施救援；在行动前要了解有关危险因素，明确防范措施，科学组织救援，积极搜救遇险人员。遇到突发情况危及救援人员生命安全时，救援队伍指挥员有权作出处置决定，迅速带领救援人员撤出危险区域，并及时报告指挥部。

第二节　应急专家及抢险队伍管理

5. 如何组建电力应急专家队伍？

答：各级生产经营单位，根据需要成立电力专业应急专家队伍，成员应由变电、输电、配电、电力调控、电力营销、信息通信、电力建设等领域相关专家组成，对大面积停电事件及涉电突发事件提供技术咨询和建议。

6. 电力应急专家队伍成员应如何遴选和管理？

答：电力应急专家队伍成员的选拔应根据专业需求，同时考虑候选人员从事相关专业、年限、职称等方面，宜优先考虑在本单位相关专业领域中的权威性专家，能够准确判断突发事件故障点，以及可能导致后果，及时提出科学解决方法和应对措施。电力应急专家应宜根据实际情况每两年更新，当专家人员职业调整（如离职等）时，应及时更新专家目录。确定本单位电力应急专家队伍后，需通过单位网页、告知栏等途径进行公示，确保各级单位在突发事件中及时联系相关专家。

7. 如何建立电力应急抢修队伍？

答：各级电力企业应根据自身实际情况，按专业需求建立电力应急抢修队伍。应急抢修队伍的建立应按照本单位专业设置，涵盖本单位电力经营范围如：输电、变电、配电、电缆、通信等专业，同时需统计本单位抢修物资和备品备件的储备情况。电力企业还应掌握属地行政区域内的相关电力建设单位的施工人员情况及电力建设物资情况，以便突发事件时机动协调社会应急资源。

8. 应急抢修队伍成员应如何选择和管理？

答：应急抢修队伍成员应优先考虑当前正在从事本专业工作人员。宜选择思想素质过硬，身体状况良好，专业技能优秀的从业人员。在应急抢修队员确定后应向单位所在地方人民政府报备。当抢修人员职业调整（如：离职、岗位调整等）时，应及时更新人员名单。正常情况下，应急抢修队员名单宜每两年调整，应急抢修队伍成员平时在本单位参加日常生产经营活动，应保证三分之二以上队员在辖区内工作，并随时接受调遣参加应急救援。电力应急抢修如图 4-1 所示。

图 4-1　电力应急抢修

第五章 应 急 保 障

1. 什么是应急保障？

答：应急保障是指政府为有效开展应急活动，保障应急管理体系正常运行所需要的人力、物力、财力、设施、信息、技术等各类资源的总和。交通、通信、电力、民政、商业、卫生、财政、银行、保险、红十字会等部门在国家或区域紧急状态下，根据突发事件发展的需要，在政府应急管理部门的统一领导下，迅速组织和调集人力、物力、财力、做好交通运输、医疗卫生及通信保障等工作，保证应急救援工作的需要和灾区群众的基本生活，以及恢复重建工作的顺利进行。

2. 应急保障资源具有什么特征？

答：（1）保障行动的快捷动态性。要求应急保障物资从储备地到事发地迅速，同时，考虑社会发展和环境变化，实行应急保障资源动态管理。

（2）保障方式的灵活多样性。突发事件大小规模不一，种类各异；潜在的危害、衍生的灾害难以把握；加之地理、地域及周边环境的复杂性，保障方式和应急活动必然是多种多样的。

（3）保障资源的共享协同性。突发事件发生后，应急组织体系内部成员在规定的范围和程序下可以使用应急保障资源，且具有较强的协同性，要求指挥统一，运转协调，责任明确，程序简化。

（4）保障资源的布局合理性。遵循"兼顾全面，保障重点"原则，即在兼顾全面的基础上，保证突发事件应对处置的重点部门、重点任务及关键环节的资源需要，特别是稀有资源的最佳利用。

3. 突发公共事件应急保障包括哪些方面?

答: 在《国家突发公共事件总体应急预案》中应急保障主要包括以下几方面:

（1）人力资源保障。公安（消防）、医疗卫生、地震救援、海上搜救、矿山救护、森林消防、防洪抢险、核与辐射、环境监控、危险化学品事故救援、铁路事故、民航事故、基础信息网络和重要信息系统事故处置，以及水、电、油、气等工程抢险救援队伍是应急救援的专业队伍和骨干力量。地方各级人民政府和有关部门、单位要加强应急救援队伍的业务培训和应急演练，建立联动协调机制，提高装备水平；动员社会团体、企事业单位以及志愿者等各种社会力量参与应急救援工作；增进国际交流与合作。要加强以乡镇和社区为单位的公众应急能力建设，发挥其在应对突发公共事件中的重要作用。中国人民解放军和中国人民武装警察部队是处置突发公共事件的骨干和突击力量，按照有关规定参加应急处置工作。

（2）财力保障。要保证所需突发公共事件应急准备和救援工作资金。对受突发公共事件影响较大的行业、企事业单位和个人要及时研究提出相应的补偿或救助政策。要对突发公共事件财政应急保障资金的使用和效果进行监管和评估。鼓励自然人、法人或者其他组织（包括国际组织）按照《中华人民共和国公益事业捐赠法》等有关法律、法规的规定进行捐赠和援助。

（3）物资保障。要建立健全应急物资监测网络、预警体系和应急物资生产、储备、调拨及紧急配送体系，完善应急工作程序，确保应急所需物资和生活用品的及时供应，并加强对物资储备的监督管理，及时予以补充和更新。地方各级人民政府应根据有关法律、法规和应急预案的规定，做好物资储备工作。

（4）基本生活保障。要做好受灾群众的基本生活保障工作，确保灾区群众有饭吃、有水喝、有衣穿、有住处、有病能得到及时医治。

（5）医疗卫生保障。卫生部门负责组建医疗卫生应急专业技术队伍，根据需要及时赴现场开展医疗救治、疾病预防控制等卫生应急工作。及时为受灾地区提供药品、器械等卫生和医疗设备。必要时，组织动员红十字会等社会卫生力量参与医疗卫生救助工作。

（6）交通运输保障。要保证紧急情况下应急交通工具的优先安排、优先调度、优先放行，确保运输安全畅通；要依法建立紧急情况社会交通运输工具的征用程序，确保抢险救灾物资和人员能够及时、安全送达。根据应急处置需要，对现场及相关通道实行交通管制，开设应急救援"绿色通道"，保证应急救援工作的顺利开展。

（7）治安维护。要加强对重点地区、重点场所、重点人群、重要物资和设备的安全保护，依法严厉打击违法犯罪活动。必要时，依法采取有效管制措施，控制事态，维护社会秩序。

（8）人员防护。要指定或建立与人口密度、城市规模相适应的应急避险场所，完善紧急疏散管理办法和程序，明确各级责任人，确保在紧急情况下公众安全、有序的转移或疏散。要采取必要的防护措施，严格按照程序开展应急救援工作，确保人员安全。

（9）通信保障。建立健全应急通信、应急广播电视保障工作体系，完善公用通信网，建立有线和无线相结合、基础电信网络与机动通信系统相配套的应急通信系统，确保通信畅通。

（10）公共设施。有关部门要按照职责分工，分别负责煤、电、油、气、水的供给，以及废水、废气、固体废弃物等有害物质的监测和处理。

（11）科技支撑。要积极开展公共安全领域的科学研究；加大公共安全监测、预测、预警、预防和应急处置技术研发的投入，不断改进技术装备，建立健全公共安全应急技术平台，提高我国公共安全科技水平；注意发挥企业在公共安全领域的研发作用。

4. 应急物资的概念是什么？企业应急物资保障体系是什么？

答：应急物资是指为了应对自然灾害、事故灾难、公共卫生事件、社会安全事件等突发事件应急处置过程中所必需的保障性物质。

应急物资保障体系是指为确保突发事件应急抢修救援工作顺利开展，保障应急物资正常供应所需的资金、储存、维护、配送等全过程保障的总和。应急物资保障体系建立遵循"统筹管理，科学分布、合理储备、统一调配、实时信息"的原则。

5. 企业为什么要建立应急物资储备？

答：《国务院安委办关于进一步加强安全生产应急救援体系建设的实施意见》中要求，要切实加强安全生产应急物资储备工作，坚持实物储备与生产能力储备相结合，社会化储备与专业化储备相结合，针对易发事故的特点，在指定有关单位储备必要的应急装备物资和指定相关应急装备、物资生产企业储备一定的生产能力的基础上，建立专门的应急装备物资储备网点。要努力形成多层次的应急救援装备和物资储备体系，确保应对各种事故，尤其是重特大且救援复杂、难度大的生产安全事故应急救援的装备和物资需要。

应急物资储备直接影响应急抢修救援的反应速度和最终成效，充足有效的应急物资储备可以大大缩减从灾难发生到救灾完成的时间间隔，减少采购和运输量，大大减少相关成本。电力企业必须综合考虑突发事件未来可能发生地区的周边环境特点及预计的应急物资需求规模和具备的保障能力等建立布局合理、综合配套、规模适度的应急物资储备。

应急物资储备仓库遵循"规模适度、布局合理、功能齐全、交通便利"的原则，因地制宜设立储备仓库，形成应急物资储备网络。应急储备物资耗用后应及时组织补库。企业应建立统一的应急物资储备信息台账，准确掌握实物储备、协议储备和动态周转物资信息。

6. 常用应急物资储备方式有哪些？

答：常用的应急物资储备有实物储备、协议储备和动态周转三种方式。

(1) 实物储备是指应急物资采购后存放在仓库内的一种储备方式。实物储备的应急物资纳入企业仓储物资统一管理，定期组织检验或轮换，保证应急物资质量完好，随时可用。

(2) 协议储备是指应急物资存放在协议供应商处的一种储备方式。协议储备的应急物资由协议供应商负责日常维护，保证应急物资随时可调。

(3) 动态周转是指在建项目工程物资、大修技改物资、生产备品备件和日常储备库存物资等作为应急物资使用的一种方式。动态周转物资信息应实时更新，保证信息准确。

对于电力企业来说，为提高物资利用效率，电力抢修设备、电力抢修材料的储备可采用动态周转方式；应急抢修工器具、应急救灾物资、应急救灾装备的储备可采用实物储备与动态周转相结合的方式。

7. 电力企业应怎么保障应急物资供应？

答：《国务院安委办关于进一步加强安全生产应急救援体系建设的实施意见》中要求：各地区、各有关部门和单位要建立健全安全生产应急装备和物资储备与调运机制，确保储备到位、调运顺畅、及时有效、发挥作用。

在突发事件发生后，企业应根据需要及时启动相应的应急物资保障预案，开展应急物资供应保障工作。企业应保证应急救援抢险过程中应急物资调配、采购、运输、交货等信息的准确，并及时向物资需求单位进行通报。

（1）需求下达。应急物资需求由需求单位提出申请，应急管理部门根据需求向物资部门下达供应指令。

（2）物资调用。物资部门根据指令，遵循"先近后远、先利库后采购"的原则，按照"先实物、再协议、后动态"的储备物资调用顺序，统一调配应急物资。在储备物资无法满足需求的情况下，可组织进行紧急采购。

（3）物资配送。应急物资储备库、协议储备供应商及动态周转物资所属单位在接到物资部门调拨指令后，迅速启动，及时配送，并对运输情况进行实时跟踪和信息反馈。

（4）物流保障。物资部门应与政府交通管理部门建立信息沟通机制，在应急物资供应过程中，及时进行沟通协调，迅速落实运输方案，确保物流配送网络运转高效，保证应急物资的及时供应。

（5）物资接收。各级应急物资需求单位负责对应急物资进行接收，并做好验收记录。

8. 什么是电力企业应急物资紧急采购？什么情况下可以启动紧急采购？

答：应急物资紧急采购是指突发事件情况下，实物储备、协议储备、动态周转应急物资不满足需要，且无法以正常的采购程序和常规的采购周期满足现场急需的设备、材料的供应要求，而采取的非招标采购活动。企业应根据实际情况建立应急物资紧急采购制度。

在具备下列一种或几种情形和条件下，可进行紧急采购：

（1）电力设备出现紧急事故需要快速恢复运行，现有应急物资储备不足。

（2）电力设备发现危急缺陷或重大安全隐患需要立即消除处理，现有应急物资储备不足。

（3）自然灾害、不可抗力等因素导致突发事件发生，现有应急物资、装备不能满足应急处置需求。

（4）政府部门、上级单位临时部署的紧急抢修救援任务，急需购置物资、装备。

9. 电力企业为什么要建立应急资金保障？

答：应急资金是保障电力突发事件发生后迅速开展应急工作的前提保障，没有可靠的资金渠道和充足的应急资金保障，就无法保证有效开展应急工作和维护应急管理体系正常运转。《国务院安委办关于进一步加强安全生产应急救援体系建设的实施意见》中要求，企业在年度预算中必须保证应急救援装备、设施和演练、宣传、培训、教育等投入，提高救护队员的工资福利及其他相关待遇。

电力企业应急管理部门应按照"谁主管、谁负责"原则，将应急体系建设所需的资金纳入年度资金预算，建立健全应急保障资金投入机制，以适应应急队伍、装备、物资储备等方面建设与更新维护资金的要求，保证抢险救灾、事故恢复及灾后重建所需的资金投入。

10. 电力企业为什么要建立应急指挥中心？

答：由于突发事件发生的时间、地点和影响范围的不确定性，负责应急指挥决策的领导和技术人员需要一个信息平台，及时掌握突发事件相关信息（如大面积停电发生后的电网运行状况、影响范围等），以便及时分析事故原因，快速有效地开展应急处置，并保证应急决策快速下达。电力企业应急指挥中心能在突发事件发生后，第一时间同政府应急指挥实现联通，能向应急指挥人员提供电网运行信息、故障现场实时监控信息、应急预案、应急物资装备清单等各种应急辅助决策信息，并通过技术系统，接受政府应急指令，指挥电网调度，协调应急队伍，调用各类应急资源参与应急处置全过程。

电力企业应当持续建设完善省、市、县各级应急指挥中心和应急管理信息平台，实现应急工作管理、应急处置、辅助应急指挥等功能，满足各级应急指挥中心互联互通，以及与政府相关应急指挥中心联通要求，完成指挥员与现场的高效沟通及信息快速传递，为应急管理和指挥决策提供丰富的信息支撑和有效的辅助手段。

11. 电力企业应急指挥中心有哪些功能要求?

答: 一般应急指挥中心包括场所、基础支撑系统、应用系统三部分，以国家电网公司为例，各部分具备了以下功能要求:

（1）场所要求。应急指挥中心场所除应具备指挥、会商、值班所需空间场地外，还应满足应急培训、应急演练以及基础支撑系统设备安装等对空间场地的要求。

（2）基础支撑系统要求。

1）综合布线系统，由各种线缆、光纤、配线箱、配线架以及线缆管理器组成，为指挥场所话音、数据、图像、控制信号的传输提供通道及连接。

2）拾音及扩声系统，由麦克风、扬声器、功放、反馈抑制器、均衡器、调音台等设备组成，为指挥场所内提供良好的声场环境，保证声音信号能够被清晰、无失真地采集、放大及播放。

3）视频采集及显示系统，由摄像机、显示设备、视频矩阵等视频信号处理设备组成。显示系统应具有同时显示多种信息功能。

4）会议电视及会议电话系统，会议电视系统由会议电视终端、多点控制单元（MCU）、会议电视管理系统组成；会议电话系统由电话会议汇接机、录音设备、会议电话终端等组成。为应急指挥中心提供音视频会商、指挥的手段。

5）通信与网络系统，包括电力专用通信网、公用网及应急指挥通信系统，为应急指挥提供信息交互的通道和手段。

6）集中控制系统，由集中控制主机、操作终端、接口单元等组成。实现对视频采集及显示系统、拾音及扩声系统、会议电视及会议电话系统等多个系统的集中控制。

7）电网调度信息系统，实现电网调度信息安全可靠地在应急指挥中心进行展示。

8）日常办公设备，由计算机、电话机、传真机、打印机、复印机、扫描仪等日常办公设备组成，保证应急及日常办公的需要。

（3）系统相关应用部分。

1）应急管理部分。能实现应急日常管理，包括应急规章制度、档案管理，应急资源信息查询，应急突发事件信息收集与报送，与政府相关应急指挥系统信息互通等功能；能实现应急预案管理，包括各类各级应急预案查询等动态管理功能；能实现应急培训及演练全过程模拟，并进行记录、考核、评估；能实现预警管理，包括预警信息接收，预警级别分类分级调整、下达，预警信息发布，预警启动、监测、退出辅助决策功能；能实现日常气象、水情、灾情及社会相关信息搜集分析功能。

2）应急处置部分。

① 能实现电网调度信息接入，按照应急指挥中心等级接入相应电压等级的电网实时运行相关信息，包括电网实时运行信息，雷电定位信息等。

② 能实现应急信息汇集与处理，包括各类在线监测监控信息，生产场所视频监控信息，安全生产管理、营销管理、物资管理等系统，指挥车、抢修车、应急发电车等特种车辆 GPS 信息，各类气象地质灾害、新闻等外部信息，交通，消防等公共信息，能与政府应急指挥部门音视频应急信息互通。

③ 能实现应急资源调配与监控，包括应急资源分布、异动、调

用功能。

④ 能实现应急值班，包括突发事件信息的接收、编辑、报送，值班日志、值班表管理功能。

⑤ 能实现预测预警，包括对重要用户的影响分析，典型自然灾害（雪灾、冰灾、台风、洪水、火灾、地震、沙尘暴）对电网设施的影响分析等。

12. 什么是电力企业应急联动？

答：电力企业应急联动是指联合电力企业外部各种应急力量和资源，实现多机构、多层次、跨地域的突发事件应急处置联合行动。企业的各专业管理部门应根据各自的职责范围选择联动对象，并与之建立联动关系，如企业同政府应急管理部门的联动，同道路、消防等涉及民生要害的部门，同应急装备生产单位之间的联动等。

13. 怎样建立企业协调联动机制？

答：（1）企业应积极主动地与联动对象进行沟通联系，协商建立双方的协调联动关系。

（2）企业应通过同联动对象建立联动机制，明确联动沟通、信息保障、资源保障、联合处置等方面的日常管理、启动条件、职责、权利、义务及联动程序，必要时签订应急协调联动协议。

（3）企业应急指挥中心应与政府、相关单位的应急指挥中心实现互联互通。应根据协调联动内容建立信息共享机制，包括基础信息、预警信息及应急处置过程等信息。

（4）企业应定期同联动对象开展联合应急演练，提高与联动对象之间的应急协调和配合能力。

14. 应急救援装备种类有哪些？

答：应急救援装备是指在突发事件发生后，用于应急救援的工器具、服装、车辆等。按照功能应急救援装备分为以下十三类：

（1）防护用品类，包括防护服、安全帽、安全鞋（靴）、呼吸器、盾牌等。

（2）生命救助类，包括止血绷带、救生圈、保护气垫、生命探测仪等。

（3）生命支持类，包括便携呼吸机、输液设备、急救药品等。

（4）救援运载类，包括救护车、医疗救生船、降落伞等。

（5）临时食宿类，包括炊事车、过滤净化机（器）、压缩食品、帐篷等。

（6）污染清理类，包括消毒车、环境监测分析仪、污染现场处置车，常用化学处理药剂等。

（7）动力燃料类，包括发电车、便携式发电机、配电箱（开关）、蓄电池（配充电设备）、汽油等。

（8）工程设备类，包括潜水泵、通风机、吊车（轮式、轨式）、切割机等。

（9）器材工具类，包括千斤顶、断线钳、油锯、望远镜、普通五金工具、绳索等。

（10）照明设备类，包括手电、防爆电筒、应急灯、摄像照明灯等。

（11）通信广播类，包括应急通信系统、卫星电话、电台、对讲机、扩音器（喇叭）等。

（12）交通运输类，包括越野车、气垫船、冲锋舟等。

（13）工程材料类，包括防水、防雨、防洪抢修及临时建筑构筑物所用的材料，例如，帆布麻袋（编织袋）、铁丝、钢丝绳（钢绞线）、水泥等。

15. 什么是应急发电车（电源车）？有什么特点？

答：应急发电车（电源车）如图 5-1 所示，是一种装有电源装置的专用车辆，它装配有大功率发电机组，附带汽车底盘、静音车厢、电力电缆、电缆绞盘、液压支撑系统等辅助设备，可提供供电、照明等功能。

其特点如下：

（1）电源车配套的设备具有结构简约、体积小、质量轻的优势，整车具有安全系数高、性能稳定可靠、操作简便、噪声低、排放性好、易维护等特点。

（2）电源车具有良好的越野性和对各种路面的适应性，机动性强，适应于全天候的野外露天作业。

（3）可以根据需求设定发电功率的大小，比如：200kW、500kW、1000kW 等。可用于机场、通信、煤矿、油田的相关应急用电工作，特别对于突发事件处置中的断电抢修、供电起到非常重要的作用。

图 5-1　应急发电车

16. 什么是拖车式发电机组？有什么特点？

答：拖车式发电机组，如图 5-2 所示，是将发电机组置于小型箱体内，附带控制箱（屏）、散热水箱、燃油箱、消声器及公共底座等组件组成刚性整体，需要牵引车拖挂移动。同应急发电车相比，拖车式发电机组功率略小，成本低，占地面积小，可用于应急电源车不易到达或停放的地形复杂区域供电。

图 5-2　拖车式发电机组

其特点如下：

（1）配备机械驻车制动（手刹）和与牵引车接驳的气刹制动，制动安全。

（2）采用钢板弹簧悬架结构，重心低、强度高、刚性好。

（3）移动方便、机动性好，操作灵活，配备有后尾灯，符合公路的行车要求。

17. 什么是汽油发电机？有什么特点？

答： 汽油发电机是燃烧汽油产生机械能，进而将机械能转换为电能的设备，如图 5-3 所示。它主要由发动机、电机、调压器、机架、油箱及相关的外观防护件组成。汽油发电机广泛应用于电力应急处置中，如夜间照明、应急通信设备供电、抢修机具供电等。

图 5-3　汽油发电机

其特点如下：

（1）质量轻，移动方便。当发生自然灾害时，大型发电设备不能进入受灾现场，轻便的汽油发电机是保障灾区照明供电的最好选择。

（2）电压稳定。汽油发电机的自动电压调节系统，能保持设备加载时电压的稳定，可保证对电压波动敏感的设备安全供电。

（3）安全。当机油油位过低时，机油警告系统自动停止发动机运转，使发动机免受损坏。

18. 什么是数码变频发电机？有什么特点？

答：变频数码发电器是一种采用逆变器技术的超级静音发电机，如图 5-4 所示。它是将产生的原始交流电经过整流逆变处理，电流经过"交–直–交"二级转换，最终转化成电压和频率更加稳定的交流电输出，其波形是光滑的正弦波形，谐波含量少。

图 5–4　便携式静音发电机

其特点如下：

（1）方便轻巧。与传统汽油发电机相比，数码变频发电机体积和质量都较少 50%左右。

（2）噪声低。数码变频发电机设计独特的双层降噪系统使其进气排气更通畅，噪声、机械振动更小。

（3）安全，低油耗。数码变频发电机装有多种安全自动保护装置，如过载、机油油压过低等保护。此外，机组还装备了独特的智能节气门，它可根据负载实际变化状况来自动调节转速的高低，降低了油耗，使其运行时间更长。

19. 应急大型照明装备有什么特点？

答：应急大型照明装备适用于大型救援、抢险抢修现场以及大型保电现场的户外大面积长时间泛光照明，适用于夜间或者光线不好的应急抢救现场。

以海洋王全方位移动照明灯塔（见图5-5）为例，其特点如下：

（1）高亮度、大范围照明。采用 4×1000W 高效节能灯，四个灯头可单独上下左右调节照射角度，使灯光覆盖整个工作现场；灯杆最高升起高度 10m，并能在水平 360°旋转，灯光覆盖半径可达 120～150m。整体照明远近兼顾，照明距离远，范围大。

（2）安全可靠、运输方便。灯塔整体采用各种优质合金材料制作，结构紧凑，性能稳定；液压支脚展开面积大，使灯具整体抗风能力强，能保证 8 级风下可靠工作。可采用拖车系统移动。

（3）采用汽油发电机组供电，发电机一次注满汽油可连续工作时间 9h；在有市电的场所，也可接通 220V 交流电源实现长时间照明。

图 5-5　大型照明装备

20. 常用的电力应急中型照明装备有哪些？各有什么特点？

答：电力应急中型照明装备，如图 5-6 所示。按照取电方式可分为充电式照明装备和自发电照明装备，适用于各种应急救援、抢险抢修施工作业工作现场长时间聚光或泛光照明。

（1）充电式中型照明装备特点有：① 灯具体积小，运输方便，组装快捷。一般充电式照明装备整体采用箱式设计，升降杆采用卡扣固定和限位，可后置于汽车后备厢中，装卸和携带方便；② 灯头可根据实际需求选择泛光和聚光两种类型，采用无极调光技术，可进行亮度调节。

（2）自发电中型照明装备特点有：① 灯杆可最大升起高度为3～6m，灯盘上安装有 4 个高效节能灯头，可搭配泛光灯头和聚光灯头（泛光为大面积照射，聚光为远距离照射）灯光覆盖半径能达到 30～50m。② 可直接使用发电机组供电，也可接通 220V 市电长时间照明。

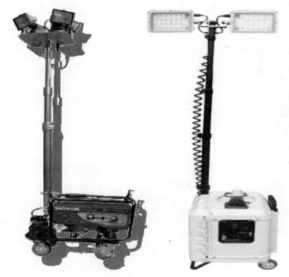

图 5–6　中型照明装备

21. 应急小型照明装备有哪些？各有什么特点？

答：常用的应急小型照明装备按照用途可分为轻便移动式、车载照明式和固定照明，如图 5–7 所示，适用于现场指挥部和营地帐篷内、电缆夹层或隧道内等狭小空间照明。

（1）轻便移动灯。灯头三维任意角度定位，聚光和泛光照明模式可以任意转换；具有电池电量显示功能，方便使用；全密封设计，确保灯具在任何恶劣环境下长期可靠使用；体积小、质量轻，操作简单，易维护。

（2）车载照明灯。灯具底盘有磁铁及磁力开关，可吸附在车辆顶部，便于安装和拆卸；采用卤钨灯泡作光源，用高纯铝反光镜并通过专业的配光设计，工作稳定、显色性好、发光反射效率高、聚光效果好，照射距离远；可方便可靠地与汽车电瓶输出端连接；采用固体熔断器保护，安全可靠，优良的电路设计，具有电源极性防反接功能。

（3）固定照明灯。固定在支架或墙壁上照明，安装方式根据实际现场需要，可通过支架实现不同角度的座式安装和侧壁安装，或者吸顶安装。采用大功率 LED 作为光源，光效高，寿命长，体积小。

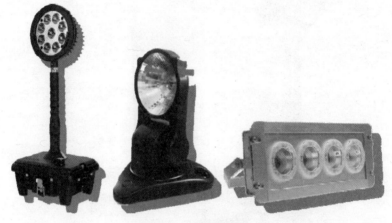

图 5-7 小型照明装备

22. 常用的应急单兵照明装备有哪些？各有什么特点？

答：电力应急单兵照明装备，如图 5-8 所示，是用于单人手持或佩戴的照明装备，按照功能分为头灯、手持灯和摄像照明灯。常用于单兵夜间巡视、登杆（塔）作业、抄表或配电抢修等远距离或近距离照明需求，部分照明装备有摄像功能。

（1）头灯。灯具外壳采用进口防弹胶，抗强力冲击，防水、防尘、绝缘、耐腐蚀性能好，可在各种恶劣环境下安全可靠使用；人性化的头带设计，头带柔软、弹性好，长短可调，也可安装在安全帽上工作；灯头照射角度可调节，可根据现场工作需要实现光线定位；具有工作光、强光两种光源，通过按压按钮可进行自由转换。

（2）手持灯。采用新型反光系统设计，光效高，聚光好，光斑更均匀。人性化的电量指示和低电压警示功能设计，可随时查询电池电量；当电量不足时，灯具提示进行充电。具有工作光、强光两挡光设计，按动按钮可进行自由转换；外形美观，体积小，质量轻，可采用手持、肩挎等携带方式，携带方便。外壳采用进口高硬度合金材料，具有极高的抗强力碰撞和冲击能力；密封性好，可在100m水下长时间正常工作。

（3）摄像照明灯。具有工作光和泛光两种工作模式，可以满足夜间照明、拍照、拍摄等要求，方便现场巡检和取证；配置显示屏幕，实时观看拍摄情况，实现精确拍照，且拍摄后可随时检查拍摄效果。具有电量显示和低电量警示功能，可提前预警，使用方便。断电延时设计，拍摄信息永不丢失。

图5-8　单兵照明装备

23. 简述电力应急通信装备的重要性，常用的电力应急通信装备有哪些？

答：当发生地震、海啸、冰雪灾害等自然灾害时，公共基础设施包括通信设施、交通设施、电力设施等必然遭受毁灭性破坏。如何快速了解灾区电力设施损坏程度，及时进行通信报告并进行救援指挥，对于迅速恢复供电至关重要。快速、有效的通信，是电力事故应急抢修救援的重要保障。

常用的电力应急通信装备有卫星通信装备、短波通信装备、空中无线图传及中继通信装备、3G单兵无线通信装备等。

24. 卫星应急通信装备有哪些？

答：卫星通信是能为应急救援提供高速率、高质量的数字通信，具有覆盖面积大、不受地理条件的限制、通信频带宽、容量大、机动灵活等特点。常用的卫星应急通信装备如图5-9所示，有中心站（核心管理）、远端便携站（机动）、车载站（应急指挥、可集成多种业务）、卫星电话等。

图5-9 卫星应急通信装备

25. 短波应急通信有什么特点？

答：短波通信是一种传统的远程通信手段，它广泛应用于军事、气象等专业部门，用于传输语音、文字、图像数据等信息。其特点如下：

（1）是唯一不受网络枢纽和有源中继体制约的远程通信手段，具备高度抗毁性。

（2）短波适应性很强，在山区、戈壁、海洋等超短波无法覆盖的地区，主要依靠短波通信。

（3）短波通信投资少，建立通信速度快，维护方便。

例如，建伍短波电台 TS-2000，如图 5-10 所示。属于多波段全模式业余电台，该电台内置中频 DSP，数字滤波器，自动天调、TNC 控制接口、RS-232 串行接口、记忆式自动电键控制器，使用温度补偿晶体振荡器，提高了频率稳定度。

图 5-10 建伍短波电台 TS-2000

26. 什么是移动便携式 4G 现场监控系统？

答： 移动便携式 4G 现场监控系统是通过 4G 无线网络，将事故或灾难现场监控数据传回监控中心的一套应急通信设备，具有灾情信息获取、信息共享查询、远程会议、辅助决策、命令发布、现场指挥、信息公布等功能，为实现临时应急指挥的"通信畅通、现场及时、数据完备、指挥到位"提供技术保障。

设备包括前端现场监控系统、通信网络系统、监控中心管理平台三部分。前端现场监控系统负责接收现场视频采集，并可在本地进行监看和存储。通过对现场视频进行编码和压缩，然后经过 4G 无线网络把数据上传至 Internet，最后传至监控中心。监控中心可对现场摄像机进行全方位的云台控制，可与现场进行双向语音。

27. 卫星电话有哪些？

答： 根据依托的卫星不同，常用的卫星电话分为海事卫星电话、铱星电话、欧星电话、亚星电话等。卫星电话在使用时，尽可能选择空旷无遮挡的空地或者高地，拔出天线指向天空，等待卫星电话搜索卫星，搜索卫星结束后进行电话拨打或者其他操作。

典型产品 1：铱星卫星电话 Iridium 9575 Extreme，如图 5-11 所示。它是最坚固的手持铱星电话，防尘、防震、防冲击、防水溅；具有可编程的位置业务（LBS）菜单；卫星紧急通知装置，兼容可编程的 SOS 按钮；设计了高增益的天线，可实时跟踪（具有启动 GPS 的 SOS），可以连接 Iridium Extreme 以创建一个 Wi-Fi 热点，与信任的设备保持联系。

图 5-11　铱星卫星电话

典型产品 2：海事卫星手持机 IsatPhon Pro，如图 5-12 所示，是通过三颗 Inmarsat 四代星组成的移动卫星网络提供最佳性能的语音服务的手持卫星电话，能提供带蓝牙免提功能的卫星电话、语音信箱、短信和电子邮件。

图 5-12　海事卫星手持机

28. 什么是电动破碎锤？使用时需要注意什么？

答：电动破碎锤如图 5-13 所示，是带电动气压锤击机构的电动破碎机，用于灾难现场破碎、去除和粉碎混凝土、砖石建筑、石头或沥青，开辟救援通道。

使用时应注意：

（1）未经培训的人员不得使用电动破碎锤。

（2）使用电动破碎锤，必须佩戴符合安全规定的护目装置、安全帽、护耳装置、防护手套等防护用具。

（3）使用电动破碎锤，近处不得有闲杂人员。

（4）电动破碎锤使用前，要清理工作场地的可燃物。

（5）不允许在对健康有害和易燃的材料上工作（例如石棉）。

图 5-13　电动破碎锤

29. 什么是液压多功能钳？使用时需要注意什么？

答：液压多功能钳如图 5-14 所示，是一种以剪切板材或圆钢为主，兼具扩张、牵拉和夹持等功能的专用救援工具，可用于破拆金属或非金属结构，解救被困于危险环境中的受难者，其动力源可为机动泵或者手动泵，附件有液压油管。它是通过高压软管连接机动泵或手动泵，为工具输送压力油，液压力推动活塞，通过连杆将活塞的动力传递给转动的刀具，从而对破拆对象实施剪、扩、拉、夹等操作。

使用时应注意：

（1）必须佩戴符合安全规定的安全防护用具。

（2）剪切操作时，如果对所剪材料不清楚，应进行试剪，即剪切 1～2mm 后退出刀具，察看切入情况，发现为淬硬材料时，应停止作业，换用其他工具。

（3）剪切作业时应使被剪工件与切刀平面垂直，以免切刀因受侧向力而产生侧弯损坏。

（4）待剪物体应做适当安全固定。

（5）工作完毕后，调整多功能切刀刀头至微张开状态，以便下次顺利工作。

图 5-14   液压多功能钳

30. 冲锋舟和橡皮艇在使用时应注意什么？

答：冲锋舟如图 5-15 所示，橡皮艇如图 5-16 所示，主要用于在洪灾中抢救人民生命和财产，也可用于水上侦察、巡逻等，具有机动能力强，方便携带运输，安全可靠等特点。

图 5-15   冲锋舟

图 5-16 橡皮艇

使用时应注意：

（1）冲锋舟、橡皮艇上的人员应穿好救生衣，系好安全绳，确保保护措施完备。

（2）要查明航行水域现状。重点查看水域深浅、水面宽度、水流方向、流速、水质浑浊程度、水面行驶船只情况及岸边地形、地貌、建筑物等情况。

（3）在多人落水需要施救，应按"先近后远，先水面后水下"的顺序进行救援，要注意船艇的最大载人量，防止因超载造成的船艇倾覆。

（4）城市内涝救援中要注意控制船速，注意悬浮于水面的电线和其他障碍物。

31. 应急充电方舱使用过程中应注意什么？

答：应急充电方舱配备有市电与发电机两组电源供应方式，可满足应急处置过程中抢修工具、手机、电脑等用电设备同时充电，具有结构紧凑、小巧轻便、使用性安全性高、便于维护等特点，如图 5-17 所示。

使用中应注意：

（1）若该设备闲置超过 1 个月，请在再次启用时，接上市电 8h以上供内置电池进行充电，确保照明设备正常工作。

（2）每隔半个月需对面板上开关指示灯进行测试，确保按键闭合时显示蓝色，如若指示灯不工作，请对该线路进行检查，排除问题后方可继续使用。

（3）每次使用前检查接地接口是否连接可靠，接地线有无老化或断裂。

（4）每隔半个月或持续工作 30h 需要对发电机润滑油进行检查，当液位低于安全液位时需要添加润滑油，如若出现变质则需要进行更换。

图 5-17　应急充电方舱

32. 应急帐篷搭建过程中应注意什么？

答： 应急帐篷在应急救援中应用广泛，例如，指挥部搭建、人员宿营等，如图 5-18 所示。在野外进行帐篷搭建，要注意以下内容：

（1）应考虑选址安全，选择在不容易发生地质灾害或二次灾害的平坦空旷地点，并清理干净地面上的石头、易燃品等，其次要考虑通信畅通，确保应急指挥部搭建完成后起到获取现场信息及发布的作用。

（2）按说明书要求整理帐篷各部件、设置拉线、地锚固定好帐篷，避免帐布拖地拉拽及踩踏；帐篷金属框架组装牢固，管材及连接件组装正确、到位、吻合严密；花篮螺丝需要调整至与顶布平行以免刮伤顶布；帐顶拉筋要松紧适当；帐顶收紧绳要收紧。

（3）帐篷四周应开挖排水沟，下沿四周应培土并压实，形成斜面以引流雨水；帐篷固定拉线两端绳结简洁、紧固、适用，地锚要固定牢靠，开口朝向帐篷侧，地锚与拉线夹角 90°左右，拉线与地面夹角 45°左右。

图 5–18　5m×8m 帐篷

第六章 预警与响应

1. 突发事件预警有什么功能？

答： 突发事件预警是突发事件应对的一个重要阶段，是防灾减灾第一道防线。主要具有两方面功能，一是为社会公众防灾避险和有效应对突发事件提供基本依据；二是为行政机关采取预控措施提供合法性。

2. 突发事件预警有哪些基本特征？

答： 突发事件预警一般具有及时性、准确性、合法性、真实性和公开性五个方面的基本特征。如图 6–1 所示。

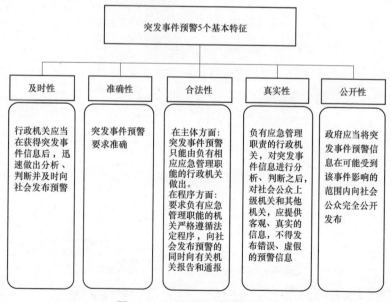

图 6–1　突发事件预警基本特征

3. 突发事件预警级别是如何规定的?

答:根据《突发事件应对法》规定,可以预警的自然灾害、事故灾难和公共卫生事件的预警级别,按照突发事件发生的紧急程度、发展势态和可能造成的危害程度一般分为一级、二级、三级和四级,分别用红色、橙色、黄色和蓝色标识,一级为最高级别。

预警级别的划分标准由国务院或者国务院确定的部门制定。

4. 突发事件预警条件和预警信息发布主体是如何规定的?

答:自然灾害、事故灾难和公共卫生事件,预警条件是"即将发生或者发生的可能性增大时";社会安全事件,预警条件则是"即将发生或者已经发生"。

突发事件预警原则上由县级以上地方各级人民政府发布。但是,部分特殊类型的突发事件由于影响巨大,根据单行法或相关应急预案规定,其预警发布主体可能为县级以上的某级地方政府。

5. 突发事件预警信息发布内容和方式是如何规定的?

答:发布内容一般包括突发公共事件的类别、预警级别、起始时间、可能影响范围、警示事项、应采取的措施和发布机关等。

预警信息发布、调整和解除可通过广播、电视、报刊、通信、信息网络、警报器、宣传车或组织人员逐户通知等方式进行,对老、幼、病、残、孕等特殊人群以及学校等特殊场所和警报盲区应当采取有针对性的公告方式。

6. 突发事件预警调整与解除是如何规定的?

答:《突发事件应对法》规定:发布突发事件警报的人民政府应当根据事态的发展,按照有关规定适时调整预警级别并重新发布。有事实证明不可能发生突发事件或者危险已经解除的,发布警报的人民政府应当立即宣布解除警报,结束预警期,并解除已经采取的有关措施。

7. 国家自然灾害预警等级划分标准是如何规定的?

答: 灾害性天气预警分为 14 种,4 个预警级别的有台风、暴雨、暴雪、寒潮、大风(5 种);3 个预警级别的有沙尘暴、高温、雷电、霜冻、大雾、霾、道路结冰(7 种);2 个预警级别的干旱、冰雹(2 种)。气象灾害预警信号总体上分为蓝色、黄色、橙色和红色四个等级,分别代表一般、较重、严重和特别严重。自然灾害预警等级划分标准,如表 6-1 所示。

表 6-1 自然灾害预警等级划分标准

种类	预警级别	发布标准	预警信号
台风	蓝色	24h 内可能或者已经受热带气旋影响,沿海或者陆地平均风力达 6 级以上,或者阵风 8 级以上并可能持续	台风 蓝 TYPHOON
	黄色	24h 内可能或者已经受热带气旋影响,沿海或者陆地平均风力达 8 级以上,或者阵风 10 级以上并可能持续	台风 黄 TYPHOON
	橙色	12h 内可能或者已经受热带气旋影响,沿海或者陆地平均风力达 10 级以上,或者阵风 12 级以上并可能持续	台风 橙 TYPHOON
	红色	6h 内可能或者已经受热带气旋影响,沿海或者陆地平均风力达 12 级以上,或者阵风达 14 级以上并可能持续	台风 红 TYPHOON
暴雨	蓝色	12h 内降雨量将达 50mm 以上,或者已达 50mm 以上且降雨可能持续	暴雨 蓝 RAIN STORM
	黄色	6h 内降雨量将达 50mm 以上,或者已达 50mm 以上且降雨可能持续	暴雨 黄 RAIN STORM
	橙色	3h 内降雨量将达 50mm 以上,或者已达 50mm 以上且降雨可能持续	暴雨 橙 RAIN STORM

续表

种类	预警级别	发布标准	预警信号
暴雨	红色	3h 内降雨量将达 100mm 以上，或者已达 100mm 以上且降雨可能持续	暴雨 红 RAIN STORM
暴雪	蓝色	12h 内降雪量将达 4mm 以上，或者已达 4mm 以上	暴雪 蓝 SNOW STORM
	黄色	12h 内降雪量将达 6mm 以上，或者已达 6mm 以上且降雪持续，可能对交通或者农牧业有影响	暴雪 黄 SNOW STORM
	橙色	6h 内降雪量将达 10mm 以上，或者已达 10mm 以上且降雪持续，可能或者经已对交通或者农牧业有较大影响	暴雪 橙 SNOW STORM
	红色	6h 内降雪量将达 15mm 以上，或者已达 15mm 以上且降雪持续，可能或者已经对交通或者农牧业有较大影响	暴雪 红 SNOW STORM
寒潮	蓝色	48h 内最低气温将要下降 8℃以上，最低气温小于等于 4℃，陆地平均风力可达 5 级以上；或者已经下降 8℃以上，最低气温小于等于 4℃，平均风力达 5 级以上，并可能持续	寒潮 蓝 COLD WAVE
	黄色	24h 内最低气温将要下降 10℃以上，最低气温小于等于 4℃，陆地平均风力可达 6 级以上；或者已经下降 10℃以上，最低气温小于等于 4℃，平均风力达 6 级以上，并可能持续	寒潮 黄 COLD WAVE
	橙色	24h 内最低气温将要下降 12℃以上，最低气温小于等于 0℃，陆地平均风力可达 6 级以上；或者已经下降 12℃以上，最低气温小于等于 0℃，平均风力达 6 级以上，并可能持续	寒潮 橙 COLD WAVE
	红色	24h 内最低气温将要下降 16℃以上，最低气温小于等于 0℃，陆地平均风力可达 6 级以上；或者已经下降 16℃以上，最低气温小于等于 0℃，平均风力达 6 级以上，并可能持续	寒潮 红 COLD WAVE

续表

种类	预警级别	发布标准	预警信号
大风（除台风外）	蓝色	24h 内可能受大风影响，平均风力可达 6 级以上，或者阵风 7 级以上；或者已经受大风影响，平均风力为 6～7 级，或者阵风 7～8 级并可能持续	大风 蓝 GALE
	黄色	12h 内可能受大风影响，平均风力可达 8 级以上，或者阵风 9 级以上；或者已经受大风影响，平均风力为 8～9 级，或者阵风 9～10 级并可能持续	大风 黄 GALE
	橙色	6h 内可能受大风影响，平均风力可达 10 级以上，或者阵风 11 级以上；或者已经受大风影响，平均风力为 10～11 级，或者阵风 11～12 级并可能持续	大风 橙 GALE
	红色	6h 内可能受大风影响，平均风力可达 12 级以上，或者阵风 13 级以上；或者已经受大风影响，平均风力为 12 级以上，或者阵风 13 级以上并可能持续	大风 红 GALE
霜冻	蓝色	48h 内地面最低温度将要下降到 0℃以下，对农业将产生影响，或者已经降到 0℃以下，对农业已经产生影响，并可能持续	霜冻 蓝 FROST
	黄色	24h 内地面最低温度将要下降到零下 3℃以下，对农业将产生严重影响，或者已经降到零下 3℃以下，对农业已经产生严重影响，并可能持续	霜冻 黄 FROST
	橙色	24h 内地面最低温度将要下降到零下 5℃以下，对农业将产生严重影响，或者已经降到零下 5℃以下，对农业已经产生严重影响，并将持续	霜冻 橙 FROST
大雾	黄色	12h 内可能出现能见度小于 500m 的雾，或者已经出现能见度小于 500m、大于等于 200m 的雾并将持续	大雾 黄 HEAVY FOG
	橙色	6h 内可能出现能见度小于 200m 的雾，或者已经出现能见度小于 200m、大于等于 50m 的雾并将持续	大雾 橙 HEAVY FOG
	红色	2h 内可能出现能见度小于 50m 的雾，或者已经出现能见度小于 50m 的雾并将持续	大雾 红 HEAVY FOG

种类	预警级别	发布标准	预警信号
道路结冰	黄色	当路表温度低于 0℃，出现降水，12h 内可能出现对交通有影响的道路结冰	道路结冰 黄 ROAD ICING
	橙色	当路表温度低于 0℃，出现降水，6h 内可能出现对交通有较大影响的道路结冰	道路结冰 橙 ROAD ICING
	红色	当路表温度低于 0℃，出现降水，2h 内可能出现或者已经出现对交通有很大影响的道路结冰	道路结冰 红 ROAD ICING
冰雹	橙色	6h 内可能出现冰雹天气，并可能造成雹灾	冰雹 橙 HAIL
	红色	2h 内出现冰雹可能性极大，并可能造成重雹灾	冰雹 红 HAIL
沙尘暴	黄色	12h 内可能出现沙尘暴天气（能见度小于 1000m），或者已经出现沙尘暴天气并可能持续	沙尘暴 黄 SAND STORM
	橙色	6h 内可能出现强沙尘暴天气（能见度小于 500m），或者已经出现强沙尘暴天气并可能持续	沙尘暴 橙 SAND STORM
	红色	6h 内可能出现特强沙尘暴天气（能见度小于 50m），或者已经出现特强沙尘暴天气并可能持续	沙尘暴 红 SAND STORM
高温	黄色	连续三天日最高气温将在 35℃以上	高温 黄 HEAT WAVE
	橙色	24h 内最高气温将升至 37℃以上	高温 橙 HEAT WAVE

续表

种类	预警级别	发布标准	预警信号
高温	红色	24h 内最高气温将升至 40℃ 以上	
干旱	橙色	预计未来一周综合气象干旱指数达到重旱（气象干旱为 25～50 年一遇），或者某一县（区）有 40% 以上的农作物受旱	
	红色	预计未来一周综合气象干旱指数达到特旱（气象干旱为 50 年以上一遇），或者某一县（区）有 60% 以上的农作物受旱	
霾	黄色	预计 24h 内可能出现下列条件之一或实况已达到下列条件之一并可能持续：① 能见度<3000m 且相对湿度≤80%。② 能见度<2000m 且相对湿度>80%，PM2.5≥75μg/m³ 且<150μg/m³。③ PM2.5≥150μg/m³ 且<500μg/m³	
	橙色	预计 24h 内可能出现下列条件之一或实况已达到下列条件之一并可能持续：① 能见度<2000m 且相对湿度≤80%。② 能见度<1000m 且相对湿度>80%，PM2.5≥150μg/m³ 且<500μg/m³。③ PM2.5≥500μg/m³ 且<700μg/m³	
	红色	预计 24h 内可能出现下列条件之一或实况已达到下列条件之一并可能持续：① 能见度<1000m 且相对湿度≤80%。② 能见度<1000m 且相对湿度>80%，PM2.5≥500μg/m³ 且<700μg/m³。③ PM2.5≥700μg/m³	
雷电	黄色	6h 内可能发生雷电活动，可能会造成雷电灾害事故	
	橙色	2h 内发生雷电活动的可能性很大，或者已经受雷电活动影响，且可能持续，出现雷电灾害事故的可能性比较大	
	红色	2h 内发生雷电活动的可能性非常大，或者已经有强烈的雷电活动发生，且可能持续，出现雷电灾害事故的可能性非常大	

8. 国家地质灾害分级标准是什么?

答: 地质灾害,包括自然因素或者人为活动引发的危害人民生命和财产安全的山体崩塌、滑坡、泥石流、地面塌陷、地裂缝、地面沉降等与地质作用有关的灾害。地质灾害按照人员伤亡、经济损失大小,分为四个等级。分级标准如表6-2所示。

表6-2 地质灾害分级标准

级别分级标准	分 级 标 准
特大型地质灾害	因灾死亡30人以上或者直接经济损失1000万元以上的
大型地质灾害	因灾死亡10人以上30人以下或者直接经济损失500万元以上1000万元以下的
中型地质灾害	因灾死亡3人以上10人以下或者直接经济损失100万元以上500万元以下的
小型地质灾害	因灾死亡3人以下或者直接经济损失100万元以下的

9. 地震灾害分级标准是什么?

答:《国家地震应急预案》(2012年8月8日修订)中地震灾害分为特别重大、重大、较大、一般四级。分级标准,如表6-3所示。

表6-3 地震灾害分级标准

级别分级标准	分 级 标 准
特别重大地震灾害	造成300人以上死亡(含失踪),或者直接经济损失占地震发生地省(区、市)上年国内生产总值1%以上的地震灾害;当人口较密集地区发生7.0级以上地震,人口密集地区发生6.0级以上地震,初判为特别重大地震灾害
重大地震灾害	造成50人以上、300人以下死亡(含失踪)或者造成严重经济损失的地震灾害;当人口较密集地区发生6.0级以上、7.0级以下地震,人口密集地区发生5.0级以上、6.0级以下地震,初判为重大地震灾害
较大地震灾害	造成10人以上、50人以下死亡(含失踪)或者造成较重经济损失的地震灾害;当人口较密集地区发生5.0级以上、6.0级以下地震,人口密集地区发生4.0级以上、5.0级以下地震,初判为较大地震灾害
一般地震灾害	造成10人以下死亡(含失踪)或者造成一定经济损失的地震灾害;当人口较密集地区发生4.0级以上、5.0级以下地震,初判为一般地震灾害

10. 电力企业预警程序包括哪些内容?

答: 电力企业监测或接到政府部门、当地气象部门和上级单位及所属各单位预警信息后,应立即汇总分析研判,提出预警发布建议,履行相关审批程序后,由应急管理办公室通过传真、网页、短信或应急指挥信息系统等平台进行内部发布,并根据情况变化适时调整预警级别。红色和橙色预警信息,应及时上报上级管理部门、电力行业监管部门。大面积停电等需要进行社会预警的,经上一级单位复核后报请当地政府进行预警信息发布、调整和解除等工作。预警流程如图 6-2 所示。

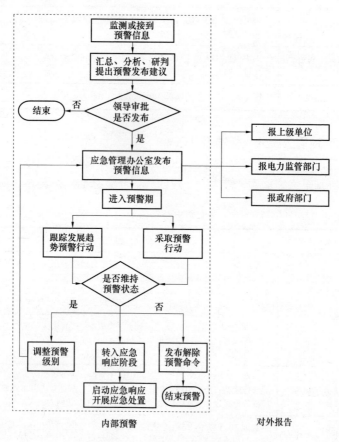

图 6-2 电力企业预警流程

预警信息内容包括突发事件名称、预警级别、预警区域或场所、预警期起始时间、影响估计及应对措施、发布单位和时间等。

11. 如何理解突发事件预警行动?

答:预警行动,是指在确认突发事件即将发生或发生可能性增大并发出预警之后,或者在突发事件已经发生但尚未升级、扩大之前,为阻止、限制事件发生和发展,或者避免、减轻事件可能造成的危害,而采取的预备性、防范性、保护性措施。具体包括调动各种应急资源、有重点地加强日常工作、采取防灾避险措施等。其作用主要体现在三个方面,如图 6–3 所示。

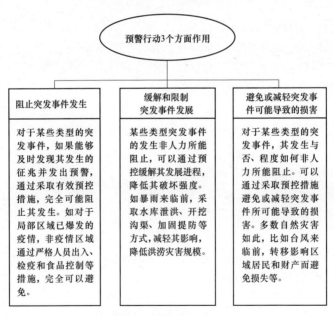

图 6–3 预警行动的作用

12. 针对大面积停电事件电力企业应如何监测和预警?

答:电力企业要通过日常设备运行维护、巡视检查、技术监督、隐患排查和在线监测等手段加强重要电力设施设备运行风险监测;加强发电厂燃料供应和水电厂水情监测,及时掌握电能生产供应情况；加强运行方式安排，常态化开展电网运行风险监测、评估；加强信息通信系统运行维护监测，做好安全防护；建立与气象、水利、林业、地震、公安、交通运输、国土资源、工业和信息化等部门的信息共享机制，做好雨雪冰冻、山火等相关灾害监测，及时分析各类情况对电力运行可能造成的影响，预估可能影响的范围和程度。

电力企业研判可能造成大面积停电事件时，要及时将有关情况报告受影响区域地方人民政府电力运行主管部门和能源局相关派出机构，提出预警信息发布建议，并视情况通知重要电力用户。

13. 大面积停电事件预警信息发布后电力企业应当采取哪些预警行动？

答：预警信息发布后，电力企业要加强设备巡检和运行监测，加强电网运行风险管控，采取有效措施控制事态发展；组织相关应急救援队伍和人员进入待命状态，动员后备人员做好参加应急救援和处置工作准备，做好大面积停电事件应急所需物资、装备和设备等应急保障准备工作；开展应急值班，加强与政府相关部门沟通，及时报告信息；同时做好新闻宣传和舆论引导工作。

14. 应急响应主要包括哪些内容？

答：应急响应是指针对发生的事故，有关组织或人员采取的应急行动。是合理利用应急力量和资源，把握时机强化控制力度，防止事态恶化，使突发事件破坏力和影响范围控制在最低级别。应急响应是应急预案的核心内容。一般包括应急响应级别、应急响应措施、信息报送和处理、指挥和协调、应急处置、信息发布、应急结束。

15. 应急响应级别如何确定？

答：生产经营单位针对事故危害程度、影响范围和本单位控制事态的能力，对事故应急响应进行分级，可分为Ⅰ级、Ⅱ级、Ⅲ级，一般不超过Ⅳ级。应急响应分级可参照以下原则执行：

Ⅰ级，事故后果超出本级处置能力，需要外部力量介入方可处置；Ⅱ级，事故后果超出下级单位处置能力，需要本级采取应急响应行动方可处置；Ⅲ级，事故后果仅限于本级的局部区域，下级单位采取应急响应行动即可处置。

以省级大面积停电事件应急响应分级为例，根据大面积停电事件的严重程度和发展态势，省级层面大面积停电事件应急响应分为Ⅰ级、Ⅱ级、Ⅲ级三个等级，如表6-4所示。

表6-4　　　　　　　省级大面积停电事件响应分级

响应分级	启动条件	应急指挥部响应措施
Ⅰ级应急响应	初判发生重大及以上大面积停电事件	由事发地省级人民政府负责指挥应对工作。当国务院成立大面积停电事件应急指挥部，统一领导、组织和指挥大面积停电事件应对工作后，省指挥部要立即移交指挥权，并继续配合做好应急处置工作
Ⅱ级应急响应	判发生较大大面积停电事件	省级人民政府指挥部成立工作组，赶赴现场指导市、县开展应对工作
省指挥部办公室启动Ⅲ级响应	初判发生一般大面积停电事件	视情况派员赴现场指导协调应对等工作

16. 大面积停电事件发生后各相关单位应采取哪些应急响应措施？

答：大面积停电事件发生后，相关电力企业和重要电力用户要立即实施先期处置，全力控制事件发展态势，减少损失。各有关地方、部门和单位根据工作需要，采取相应响应措施，建立协调联动工作机制。一般包括以下响应措施：

（1）抢修电网并恢复运行。明确以电力企业为主责的抢修电网并恢复运行的响应要求。

（2）防范次生、衍生事故。明确以重要电力用户为主责的防范次生、衍生事故的响应措施。

（3）保障民生。明确与消防、市政、供水、燃气、物资、卫生、教育、采暖等基本民生事务保障相关的一系列响应措施，响应牵头部门。

（4）维护社会稳定。明确与应急指挥体系，政府重要机构，人

X

员密集区域，市场经济秩序，安全生产重要场所等安全与稳定保障相关的一系列响应措施，响应牵头部门。

（5）加强信息发布。明确信息发布的主要内容、方式、手段，如召开新闻发布会向社会公众发布停电信息的工作程序。

（6）组织事态评估。明确应急组织指挥机构对大面积停电事件影响范围、影响程度、发展趋势及恢复进度进行评估的组织形式和工作流程。

17. 应急响应终止的条件是什么？

答： 当突发事件的威胁和危害得到控制或者消除，且无发生次生衍生灾害的可能性时，按照"谁启动、谁结束"的原则终止应急响应。

例如，在《国家大面积停电事件应急预案》中应急响应终止条件为：

（1）电网主干网架基本恢复正常，电网运行参数保持在稳定限额之内，主要发电厂机组运行稳定。

（2）减供负荷恢复80%以上，受停电影响的重点地区、重要城市负荷恢复90%以上。

（3）造成大面积停电事件的隐患基本消除。

（4）大面积停电事件造成的重特大次生衍生事故基本处置完成。

同时满足以上条件时，由启动响应的人民政府终止应急响应。

18. 为什么要加强突发事件信息报告工作？

答： 信息报告是应急管理运行机制的重要环节，信息报告渠道畅通与否和传递效率高低，直接影响到各地区、各部门对突发公共事件的预测预警、应急处置、善后恢复等各项工作。及时、准确报告突发事件信息是快速有效处置各类突发事件的基础和前提，有利于第一时间掌握突发公共事件的动态和发展趋势，采取积极有效的应对措施，最大限度地减少事故和灾害的发生以及造成的损失，保护人民群众生命和财产安全。因此，要切实做好信息报告工作，为

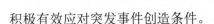
积极有效应对突发事件创造条件。

19. 突发事件信息报告的内容和形式有哪些?

答: 突发事件信息报告内容主要包括时间、地点、信息来源、事件起因和性质、基本过程、已造成的后果、影响范围、事件发展趋势、处置情况、拟采取的措施以及下一步工作建议等。

突发事件信息报告分为首报、续报、终报。首报是在发现或获悉突发事件后的初次报告,主要包括事发时间、地点、简要过程、造成或可能造成的危害、抢险救援等;续报是在突发事件处置过程中的阶段性报告,主要包括核实数据、危害程度、影响范围、处置措施、发展趋势、事件处置进展情况及可能衍生的新情况等;终报是在突发事件处置结束后的总结评估报告,包括事件基本情况与事发原因分析、处置过程与结果及下步工作(包括善后、重建及评估)等内容。

20. 突发事件信息报告时限、方式有哪些要求?

答: (1)国务院第 493 号令《生产安全事故报告和调查处理条例》规定:事故发生后,事故现场有关人员应当立即向本单位负责人报告;单位负责人接到报告后,应当于 1h 内向事故发生地县级以上人民政府安全生产监督管理部门和负有安全生产监督管理职责的有关部门报告。

安全生产监督管理部门和负有安全生产监督管理职责的有关部门接到事故报告后,应当依照下列规定上报事故情况,并通知公安机关、劳动保障行政部门、工会和人民检察院:特别重大事故、重大事故逐级上报至国务院安全生产监督管理部门和负有安全生产监督管理职责的有关部门;较大事故逐级上报至省、自治区、直辖市人民政府安全生产监督管理部门和负有安全生产监督管理职责的有关部门;一般事故上报至设区的市级人民政府安全生产监督管理部门和负有安全生产监督管理职责的有关部门。安全生产监督管理部门和负有安全生产监督管理职责的有关部门逐级上报事故情况,每级上报的时间不得超过 2h。

（2）国资委第 21 号令《中央企业安全生产监督管理暂行办法》规定：境内发生较大及以上生产安全事故，中央企业应当编制生产安全事故快报，按规定流程迅速报告。事故现场负责人应当立即向本单位负责人报告，单位负责人接到报告后，应当于 1h 内向上一级单位负责人报告；以后逐级报告至国资委，且每级时间间隔不得超过 2h。境内由于生产安全事故引发的特别重大、重大突发公共事件，中央企业接到报告后应当立即向国资委报告。境外发生生产安全死亡事故，中央企业接到报告后应当立即向国资委报告。在中央企业管理的区域内发生生产安全事故，中央企业作为业主、总承包商或者分包商发生生产安全事故，按此规定报告。

（3）国务院第 599 号令《电力安全事故应急处置和调查处理条例》规定：事故发生后，事故现场有关人员应当立即向发电厂、变电站运行值班人员、电力调度机构值班人员或者本企业现场负责人报告。有关人员接到报告后，应当立即向上一级电力调度机构和本企业负责人报告。本企业负责人接到报告后，应当立即向国务院电力监管机构设在当地的派出机构（以下称事故发生地电力监管机构）、县级以上人民政府安全生产监督管理部门报告；热电厂事故影响热力正常供应的，还应当向供热管理部门报告；事故涉及水电厂（站）大坝安全的，还应当同时向有管辖权的水行政主管部门或者流域管理机构报告。电力企业及其有关人员不得迟报、漏报或者瞒报、谎报事故情况。

事故发生地电力监管机构接到事故报告后，应当立即核实有关情况，向国务院电力监管机构报告；事故造成供电用户停电的，应当同时通报事故发生地县级以上地方人民政府。

对特别重大事故、重大事故，国务院电力监管机构接到事故报告后应当立即报告国务院，并通报国务院安全生产监督管理部门、国务院能源主管部门等有关部门。

（4）国家电监会《关于加强电力安全突发事件信息报告工作的通知》（办安全〔2007〕1 号）规定：电力安全突发事件发生后，责任主体单位必须按照属地关系向电监会派出机构、地方政府和其上级主管单位报告，最迟不得超过 1h。电监会派出机构和中央企业接到报告并经核实后，应当立即向电监会总值班室报告，最迟不得超过 2h。应特别注意的是，该文件对电力建设施工中发生的规定范围内的突发事件，项目建设、施工（即甲方、乙方）等各参建单位都有报告信息的责任。

21. 电力安全事故报告应当包括哪些内容？

答：电力安全事故报告应当包括下列内容：

（1）事故发生的时间、地点（区域）及事故发生单位。

（2）已知的电力设备、设施损坏情况，停运的发电（供热）机组数量、电网减供负荷或者发电厂减少出力的数值、停电（停热）范围。

（3）事故原因的初步判断。

（4）事故发生后采取的措施、电网运行方式、发电机组运行状况以及事故控制情况。

（5）其他应当报告的情况。

事故报告后出现新情况的，应当及时补报。

22. 事故应急处置过程中如何确保安全有效施救？

答：救援过程中，要严格遵守安全规程，及时排除隐患，确保救援人员安全。救援队伍指挥员应当作为指挥部成员，参与制订救援方案等重大决策，并根据救援方案和总指挥命令组织实施救援；在行动前要了解有关危险因素，明确防范措施，科学组织救援，积极搜救遇险人员。遇到突发情况危及救援人员生命安全时，救援队伍指挥员有权做出处置决定，迅速带领救援人员撤出危险区域，并及时报告指挥部。

23. 企业在发生事故或险情后如何开展先期处置？

答：发生事故或险情后，企业可根据实际情况，有针对性的采取相应措施，立即启动相关应急预案，在确保安全的前提下实施紧急疏散和救援行动；控制危险源，划定警戒区域，封锁危险场所；在遇到险情或事故征兆时，生产现场带班人员、班组长和调度人员立即下达停产撤人命令，组织现场人员及时、有序撤离到安全地点；紧急调配应急处置资源用于应急处置；实施动态监测，进一步调查核实；对事故的性质、类别、危害程度、影响范围等进行初步评估，要依法依规及时、如实向有关部门报告；其他必要的先期处置措施。

第七章　应急能力建设评估

1. 电力企业应急能力建设评估的定义是什么?

答:以电力企业为评估主体,以应急能力的建设和提升为目标,以应急管理理论为指导,构建科学合理的建设与评估指标体系,建立完善评估方法,对突发事件综合应对能力进行评估,查找企业应急能力存在的问题和不足,指导企业建设完善应急体系。

2. 电力企业应急能力评估的工作目标是什么?

答:深入贯彻落实国家关于应急管理工作的法律法规和决策部署,从电力行业实际出发,坚持预防与应急并重、常态与非常态结合,以加强应急基础为重点,以强化应急准备为关键,以提高突发事件处置能力为核心,健全完善电力行业应急管理持续改进提高的工作机制。

3. 电力企业应急能力建设评估工作原则是什么?

答:(1)监管部门指导。国家能源局制定应急能力建设评估标准规范,明确工作目标和要求,指导督促电力企业评估应急能力建设,协调解决突出问题。

(2)企业自主管理。电力企业按照《国家能源局综合司关于深入开展企业应急能力建设评估工作的通知》要求,自主开展应急能力建设评估。

(3)分级分类评估。依照有关规范要求,按电网、发电、电力建设等不同专业和下属企业类别,针对性地开展应急能力建设评估,以打分量化形式,确定评估等级,强化分类指导。

(4)持续改进提高。企业要边评边改,以评促建,强化闭环管理,补齐短板,滚动推进应急能力建设评估,及时总结经验,完善制度措施，持续改进和全面提高企业应急管理能力。

4. 电力企业应急能力建设评估方法和主要内容分别是什么？

答：电力企业应急能力建设评估应以静态评估为主，适当辅以动态评估，重点评估考核被评估企业的实际应急能力。

应急能力建设评估以"一案三制"（应急预案和应急体制、应急机制、应急法制）为核心，对被评估企业的预防与应急准备、监测与预警、应急处置与救援、事后恢复与重建等方面进行全面评估。

5. 什么是应急能力建设静态评估？

答：静态评估方法包括汇报座谈、检查资料和现场勘查等。即评估组可以通过听取被评估企业应急能力建设汇报；检查应急管理规章制度、应急预案，对以往突发事件处置、历史演练等相关文字、音像资料和数据信息等资料；现场勘查单位应急物资和应急装备准备情况，应急信息系统和应急指挥中心建设情况，对被评估企业进行静态评估。

6. 什么是应急能力建设动态评估？

答：动态评估的方法包括访谈、考问、考试及演练等。

（1）访谈。对应急领导小组（或应急指挥中心）成员进行访谈，了解其对本岗位应急工作职责、企业总体（综合）应急预案和专项预案内容、预警、响应流程的熟悉程度等。

（2）考问。选取一定比例部门负责人、管理人员和一线员工，评估其对本岗位应急工作职责、应急基本常识、关键的逃生路线、自保自救手段、相关应急预案等的内容以及相关法律法规等的掌握程度。

（3）考试。建立应急试题库，选取一定比例的管理人员、一线员工进行答题考试，评估其对应急管理应知应会内容的掌握程度。

（4）演练。组织应急领导小组（或应急指挥中心）成员、部门负责人、和一线员工进行模拟演练，分别按相应职责评估其对监测预警、应急启动、应急响应、指挥协调、事件处置、舆论引导和信

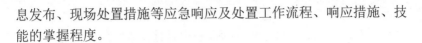

息发布、现场处置措施等应急响应及处置工作流程、响应措施、技能的掌握程度。

7. 电力企业应急能力评估报告包括哪些主要内容？

答：评估人员根据评估情况撰写评估报告，评估报告应包括企业概况、静态和动态评估指标的查证情况（对总体情况和每个二级指标评估结果进行说明）、企业应急能力估结论、评估过程中发现的问题和不足，针对主要问题提出整改建议和意见等内容。

8. 如何开展应急演练评估？

答：应急演练评估应遵照实事求是、科学考评、依法依规、以评促改原则，通过评估发现应急预案、应急组织、应急人员、应急机制、应急保障等方面存在的问题或不足，提出改进意见或建议，并总结演练中好的做法和主要优点等。评估分三个步骤：演练评估准备、演练评估实施和演练评估总结。

（1）演练评估准备。演练单位成立演练评估机构，确定评估人员；确定评估目的、内容和程序；收集演练评估所需要的相关资料和文件；以演练目标为基础，设计合理的评估项目方式、方法；编写评估方案，制定评估标准；培训评估人；准备评估材料、器材。

（2）演练评估实施。根据演练评估方案安排，评估人员提前就位；演练开始后，演练评估人员通过观察、记录和收集演练信息和相关数据、信息和资料，观察演练实施及进展、参演人员表现等情况，及时记录演练过程中出现的问题，在不影响演练进程的情况下，评估人员可进行现场提问并做好记录；根据演练现场观察和记录，依据制定的评估表，逐项对演练内容进行评估，及时记录评估结果。

（3）演练评估总结。演练结束后，有关代表（演练组织人员、参演人员、评估人员或相关方人员）进行现场点评；演练单位组织各参演小组或参演人员进行自评；演练评估组负责人应组织召开专题评估工作会议，综合评估意见；演练现场评估工作结束后，评估组针对收集的各种信息资料，依据评估标准和相关文件资料对演练活动全过程进行科学分析和客观评价，并撰写演练评估报告，评估报告应向所有参演人员公示；演练组织单位根据评估报告中提出的问题和不足，制定整改计划，明确整改目标，制定整改措施，并跟踪督促整改落实，直到问题解决为止。同时，总结分析存在问题和不足的原因。

9. 应急演练评估报告包括哪些主要内容？

答：包括以下内容：

（1）演练基本情况。演练的组织及承办单位、演练形式、演练模拟的事故名称、发生的时间和地点、事故过程的情景描述、主要应急行动等。

（2）演练评估过程。演练评估工作的组织实施过程和主要工作安排。

（3）演练情况分析。依据演练评估表格的评估结果，从演练的准备及组织实施情况、参演人员表现等方面具体分析好的做法和存在的问题以及演练目标的实现、演练成本效益分析等。

（4）改进的意见和建议。对演练评估中发现的问题提出整改的意见和建议。

（5）评估结论。对演练组织实施情况的综合评价，并给出优（无差错地完成了所有应急演练内容）、良（达到了预期的演练目标，差错较少）、中（存在明显缺陷，但没有影响实现预期的演练目标）、差（出现了重大错误，演练预期目标受到严重影响，演练被迫中止，造成应急行动延误或资源浪费）等评估结论。

10. 电力企业生产事故应急处置评估包括哪些内容？

答：包括以下内容：

（1）应急响应情况，包括事故基本情况、信息报送情况等。

（2）先期处置情况，包括自救情况、控制危险源情况、防范次生灾害发生情况。

（3）应急管理规章制度的建立和执行情况。

（4）风险评估和应急资源调查情况。

（5）应急预案的编制、培训、演练、执行情况。

（6）应急救援队伍、人员、装备、物资储备、资金保障等方面的落实情况。

11．生产事故应急处置评估后，事故单位和现场指挥部向事故调查组和上一级安全生产监管监察部门提交的总结报告一般包括哪些内容？

答：生产安全事故应急处置评估后，事故单位和现场指挥部应当妥善保存并整理好与应急处置有关的书证和物证，并向事故调查组和上一级安全生产监管监察部门提交的总结报告，内容包括：

（1）事故基本情况。

（2）先期处置情况及事故信息接收、流转与报送情况。

（3）应急预案实施情况。

（4）组织指挥情况。

（5）现场救援方案制定及执行情况。

（6）现场应急救援队伍工作情况。

（7）现场管理和信息发布情况。

（8）应急资源保障情况。

（9）防控环境影响措施的执行情况。

（10）救援成效、经验和教训。

（11）相关建议。

12．生产事故应急处置评估组对事故单位的评估包括哪些内容？
答：包括以下内容：

（1）应急响应情况，包括事故基本情况、信息报送情况等。

（2）先期处置情况，包括自救情况、控制危险源情况、防范次生灾害发生情况。

（3）应急管理规章制度的建立和执行情况。

（4）风险评估和应急资源调查情况。

（5）应急预案的编制、培训、演练、执行情况。

（6）应急救援队伍、人员、装备、物资储备、资金保障等方面的落实情况。

第八章　常用急救知识与技能

1. 地震时如何逃生、自救？

答：（1）在平房，应抱头迅速向室外跑，来不及可躲在桌下、床下、坚固家具旁或承重墙根、墙角等易形成三角空间处。

（2）在楼房，应暂避到卫生间等跨度小的空间或承重墙根、墙角等易形成三角空间处，切勿使用电梯。地震自救逃生，如图 8-1所示。

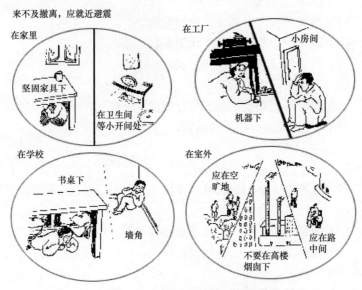

来不及撤离，应就近避震

在家里　坚固家具下　在卫生间等小开间处

在工厂　小房间　机器下

在学校　书桌下　墙角

在室外　应在空旷地　不要在高楼烟囱下　应在路中间

图 8-1　地震自救逃生示意图

注意：躲避时一定要避开外墙、窗户。

（3）在街上，应抱头迅速跑到空旷地蹲下，避开高楼、立交桥、高压线、大型广告牌等高大建筑。

（4）在野外，应躲到空旷地带，避开山脚、陡崖，防止滚石、滑坡、山崩等。

（5）驾车行驶时，应迅速避开立交桥、陡崖、电线杆等，尽快选择空旷处停车。

（6）地震后被埋压，应尽量用湿毛巾、衣物等捂住口鼻，防止灰尘呛闷发生窒息；尽量活动手脚，清除脸上的灰土和压在身上的物件；用周围可以挪动的物品支撑身体上方的重物，避免进一步塌落；扩大活动空间，保持足够的空气；保存体力，耐心等待救援，不要盲目大声呼救；当听到人声，用硬物敲打墙壁、铁管等发出信号。

2. 应对地震的安全注意事项有哪些？

答：（1）地震时要保持镇静，不能拥挤乱跑，不要跳楼，震后应有序撤离。

（2）已经脱险的人员，震后不要急于回屋，以防余震。

（3）对于震动不明显的地震，不必外逃。

（4）户外情况复杂，震时注意观察，选择恰当的方法避险，避免意外伤亡。

3. 如何搜救地震被困人员？

答：（1）参加震后搜救时，应注意搜寻被困人员的呼喊、呻吟和敲击器物的声音。

（2）不可使用利器刨挖，以免伤人。

（3）找到被埋压者时，要及时清除其口鼻内的尘土，使其呼吸畅通。

（4）发现幸存者但解救困难时，首先应输送新鲜空气、水和食物，然后再通知专业救援队实施救援。

4. 如何应对雷雨天气？

答：（1）远离大型广告牌、高大树木、建筑物外露的金属物体和电力设备设施，更不要在高大树木和电力设备下面避雨。

（2）雷雨天气时不要待在山顶、楼顶等制高点上，在户外空旷处不宜进入孤立的棚屋、岗亭等。

（3）如果在雷电交加时，头、颈、手处有蚂蚁爬走感，头发竖起，说明将发生雷击，应赶紧趴在地上，并拿去身上佩戴的金属饰品和发卡、项链等，这样可以减少遭雷击的危险。

（4）当在户外看见闪电几秒钟内就听见雷声时，说明正处于近雷暴的危险环境，此时应停止行走，两脚并拢，双手抱膝并立即下蹲，尽量低下头，因为头部较之身体其他部位最易遭到雷击。

5. 雷雨天气的一般安全注意事项有哪些？

答：（1）不要在旷野中打伞，或高举金属工具等；不要在水面和水边停留，尽量找低洼处蹲下。

（2）不要快速行车和在雨中狂奔，因为身体的跨步越大，电压就越大，也越容易伤人。

（3）户外应马上关闭随身携带的各种通信工具，也不要使用带有外接天线的收音机或电视机。

（4）在野外应注意防范山洪、滑坡和泥石流。上游来水突然浑浊、水位上涨突然变快时，必须特别注意。

（5）暴雨过后，应仔细观察积水的路面，谨慎通过，贴近建筑物，防止跌入下水道、坑洞等。

（6）室内发生积水时，应立即切断电源。

（7）发现有人在水中触电倒地，千万不要急于靠近搀扶，必须要在采取应急措施后才能对触电者进行抢救。

（8）如被雷电击中，应立即采用心肺复苏法抢救。

6. 电线段落地面如何处置？

答：如果发现有电线断落在积水中，千万不要自行处理，应当立即在周围做好记号，提醒其他行人不要靠近，并及时打电话通知供电部门紧急处理。如电线恰巧断落在离自己很近的地面上，不要惊慌，更不要奔跑。应双脚并拢或单腿跳跃离开现场，避免跨步电压造成人身触电。

7．如何应对大风天气？

答：瞬时风速≥13.8m/s（风力7级）时，称为大风。大风会刮倒广告牌、大树和房屋，影响高空作业，易引发火灾等次生灾害。在大风时应采取以下安全措施：

（1）立即停止高空作业和户外设备巡视，转移至屋内。

（2）不要在高大的建筑物、广告牌和电力设备下方停留。

（3）不要在高楼之间形成的狭长通道骑车或步行，避免"狭管效应"带来危险。

（4）应尽量远离施工工地或快速通过。

（5）及时加固帐篷、脚手架等搭建物，切断危险的室外电源。

8．家庭火灾如何扑救？

答：（1）家具、被褥等起火，一般用水灭火。立即用身边可盛水的器具如脸盆等向火焰上泼水，也可把水管接到水龙头上喷水灭火；同时把燃烧点附近的可燃物泼湿降温。

（2）油锅起火，应迅速关闭炉灶燃气阀门，立即盖上锅盖，将火窒息，切不可用水扑救或用手去端锅，以防止造成热油爆溅，灼烫伤人和扩大火势。如果油火撒在灶具上或地面上，可使用手提式灭火器扑救，或用湿棉被、湿毛毯、沙土等覆盖灭火。

（3）家用电器起火，要先切断电源，用湿棉被或湿衣物将火压灭；用干粉或气体灭火器灭火，不可直接泼水灭火，以防触电或电器爆炸伤人。

（4）电视机起火，切不可用水浇，可以在切断电源后，用湿棉被、湿床单等将其盖灭。灭火时，只能从侧面靠近电视机，以防显像管爆炸伤人。若使用灭火器灭火，不应直接射向电视屏幕，以免其受热后突然遇冷而爆炸。

（5）液化气罐着火，关键是切断气源。无论是罐的胶管还是角阀口漏气起火，应迅速关闭角阀。如火焰较大，可用湿棉被、衣物捂盖灭火；也可用湿毛巾、抹布等猛力抽打灭火，之后关紧阀门。

9. 家庭火灾如何逃生？

答：（1）火灾初期，当楼道、走廊没有被大火完全封住时，把被子、毛毯或褥子用水淋湿裹住身体，用湿毛巾捂住口鼻，俯身冲出受困区。

（2）逃生通道被切断、暂时无人救援时，应关紧迎火门窗，用湿毛巾、湿布堵塞门缝，用水淋透房门，防止烟火侵入。尽量站到阳台、窗口等易被发现和能避烟火之处。白天可以向窗外晃动鲜艳的衣物，或外抛轻型晃眼的东西求援；夜间可用手电向有人处照射求援。

（3）身上着火，可就地打滚，或用厚重衣物覆盖压灭火苗。

（4）如所住楼层不高，可用绳索（无绳索可用床单或窗帘撕成布条结成绳）将一端系于窗户横框（或室内固定构件）上，另一端系于小孩或老人的两腋和腹部，将其沿窗放至地面或下层的窗口，然后破窗入室从通道疏散，其他人可沿绳索滑下。

（5）楼房发生火灾切不可乘坐电梯，要从安全出口逃生。

10. 体育场馆、大型超市等人员密集场所火灾如何逃生？

答：（1）沿疏散指示标志逃生。当无法辨别逃生方向时，一定要沿着疏散标志指示的方向进行逃生，要有秩序地疏散，不能拥挤，以免发生踩踏事故。到人员密集场所，注意先看清安全出口在哪里。

（2）穿过浓烟逃生时，尽量用浸湿的衣物保护头部和身体，捂住口鼻，弯腰低姿前行。尽量使用防烟面罩、逃生绳等消防器材。

（3）可利用落水管、房屋外的突出部分和通向室外的窗口逃生，或转移到安全区域再寻找逃生机会。

（4）在无路可逃的情况下，应积极寻找避难处所。如到阳台、楼层平顶等待救援；选择火势、烟雾难以蔓延的房间，关好门窗，堵住缝隙，房内如有水源，要立刻将门、窗和各种可燃物浇湿，阻止或减缓火势和烟雾蔓延。

11. 高楼火灾如何逃生？

答：（1）高楼发生火灾，用楼层内灭火器第一时间扑灭和报警。如无法扑灭，应立即下楼逃生，不要贪恋财物。

（2）从楼梯下楼逃生，千万不要乘坐电梯，采取先往下层疏散逃生，实在不行时再考虑往上层逃生。

（3）疏散逃生时，要有防烟气中毒措施，用湿毛巾或者口罩捂住口鼻。

（4）楼梯疏散逃生尽量靠右侧，扶好楼梯扶手或扶墙依次有序下楼梯逃生。

（5）当通道被火封住，无法出逃时，应关紧迎火门窗，用湿毛巾、湿布堵塞门缝，或用水淋透房门，防止烟火侵入，等待救援，不能盲目跳楼。

（6）要遵循7m跳楼原则，只要是高于7m就不直接跳楼逃生。要向外发出求救信号，让消防员展开气垫，或者自己可以抛一些沙发垫、枕头等软物体。不到万不得已不能跳楼，不管在几楼。

12. 电梯起火如何处置？

答：（1）将电梯停在火势或烟未蔓延的地区或楼层。

（2）及时与消防人员取得联系。

（3）指示乘客离开轿厢，由楼梯逃生。

（4）使电梯处于"停止运行"状态，并将电梯门关闭，切断总电源。

（5）严禁在着火层打开电梯门。

13. 电梯突然急速下坠如何自我保护？

答：（1）电梯突然下坠时，应把每一楼层的按键从下往上都按下。

（2）如果电梯里有把手，一只手紧握把手。

（3）整个背部跟头部紧贴电梯内墙，呈一直线。

（4）膝盖呈弯曲姿势。

14. 常规道路交通事故如何处置？

答：（1）如无人员受伤或车辆损伤轻微，可双方协商解决。如有人受伤，先行救人，但不要移动或者触碰倒地不起的伤者。

（2）不要移动车辆，全景拍照，固定双方的行驶轨迹，车辆全貌与分道线标示要在同一张照片内。

（3）打"110"或"122"电话报警。遇到逃逸，应记下肇事车辆牌号、车型、颜色等特征及其逃逸方向提供给交警。

（4）如车辆损坏严重，车门不能打开时，应击碎车窗玻璃逃生，切勿用手、脚和其他身体部位撞击，以免造成伤害。

（5）保护现场，开启车辆危险报警闪光灯，并在来车方向50～100m处（高速公路150m，雨雾天气200m）设置警示标志。设置警示标志，如图8-2所示。

图8-2　设置警示标志示意图

15. 高速公路交通事故如何处置？

答：（1）应立即停车，保护现场，拨打报警电话，清楚表述事故发生时间、方位、后果等，并协助交通警察调查。

（2）有人员伤亡时，应先实施救人，并立即拨打120。

（3）关闭引擎，开启危险报警闪光灯，并在来车方向150m以外设置警示标志。

（4）若撞车后起火燃烧，迅速撤离，防止油箱爆炸伤人。

（5）车上人员应迅速转移到右侧路肩（或护栏）以外，能够移动的机动车应移至不妨碍交通的应急车道或服务区停放。

16. 如何做好危险化学品事故安全防护？

答：（1）呼吸防护。在确认发生毒气泄漏事故后，应马上用浸水的手帕、餐巾纸、衣物等捂住口鼻，或及时戴上防毒面具、防毒口罩。

（2）皮肤防护。尽可能戴上手套，穿上雨衣、雨鞋等，或用床单、衣物遮住裸露的皮肤。如已备有防化服等防护装备，要及时穿戴。

（3）眼睛防护。尽可能戴上各种防毒眼镜、防护镜或游泳用的护目镜等。

（4）撤离。判断毒源与风向，沿上风或侧上风路线，朝着远离毒源的方向迅速撤离。

（5）冲洗。到达安全地点后，要及时脱去被污染的衣服，用流水冲洗身体，特别是裸露部分。

（6）救治。迅速拨打 120，将中毒人员送医院救治。中毒人员在等待救援时应保持平静，避免剧烈运动，以免加重心肺负担致使病情恶化。

（7）食品检测。污染区及周边地区的食品和水源不可随便动用，须经检测无害后方可食用。

17. 燃气中毒事故如何处置？

答：（1）立即切断气源。迅速关闭炉前阀、表前燃气总阀（液化气瓶角阀）。

（2）打开门窗通风换气。要动作轻缓，避免引起爆炸。

（3）切勿开关电器，不要打开油烟机或排风扇，不要使用电话、手机。

（4）立即使患者脱离中毒环境。对呼吸心跳停止的患者，应立即采取心肺复苏法，并拨打急救电话呼救。

（5）公共区域发生燃气设施泄漏，切勿吸烟、发动机动车引擎或开关各种用电设备。

18. 什么是食物中毒？

答：食物中毒，是指食用被细菌性或化学性毒物污染的食物，或误食本身有毒的食物，引起急性中毒性疾病。分为细菌性食物中毒、真菌毒素中毒、动物性食物中毒、植物性食物中毒、化学性食物中毒。发病者通常剧烈呕吐、腹泻，伴有中上腹部疼痛，常会因上吐下泻而出现脱水症状，如口干、眼窝下陷、皮肤弹性消失、肢体冰凉、脉搏细弱、血压降低等，甚至休克，严重的可导致死亡。

19. 食物中毒如何处置？

答：（1）立即停止食用可疑食品，喝大量洁净水以稀释毒素，用筷子或手指向喉咙深处刺激咽后壁、舌根进行催吐，让患者采取侧卧位，防止呕吐物进入呼吸道导致窒息，并及时就医。

（2）出现抽搐、痉挛症状时，马上将患者移至周围没有危险物品的地方，并用手帕缠住筷头，塞入患者口中，以防止咬破舌头。

（3）症状无缓解迹象，甚至出现大汗、脱水、面色苍白、四肢寒冷、腹痛腹泻加重、意识模糊、说胡话或抽搐，以至休克，应立即送医院救治。

（4）用塑料袋留好可疑食物、呕吐物或排泄物，供化验使用。

20. 什么是恐怖袭击？

答：恐怖袭击是指针对公众或特定目标，通过使用极端暴力手段（如暴力劫持、自杀式爆炸、汽车爆炸、施放毒气或投放危险性、放射性物质），造成人员伤亡或重大财产损失，危害公共安全，制造社会恐慌的行为。

21. 如何应对恐怖袭击？

答：（1）遭遇炸弹爆炸，应迅速撤离到安全的地方，不要躲入偏僻角落；如现场火灾引起烟雾弥漫时，尽量不要吸入烟尘，防止灼伤呼吸道；尽可能将身体压低，用手脚触地爬到安全地方。

（2）遭遇有毒气体袭击，应尽快转移至上风方向或有滤毒通风设施的人防工程；尽可能用身边物品进行简易防护，防止毒气侵害。

如果来不及转移，应尽量寻找密闭性好的高层建筑物躲避，入室后，立即关闭门窗、电源，堵住与外界明显相通的裂缝，并尽量停留在背风处和外层门窗最少的地方，等有毒气体散后，尽快打开下风方向门窗通风。

（3）遭遇匪徒枪击扫射，立即卧倒趴在地面不要动，手抱头迅速蹲下，并借助其他障碍物进行遮挡掩护。

（4）遭遇生物恐怖袭击，应及时报告，并立即前往医院医治；感染者和接触者应接受隔离，不要流动，防止成为新的传染源；尽量少出门，注意防止被可疑昆虫、鼠类或其他动物叮咬或抓伤。

22. 什么是心肺复苏法?

答：心肺复苏法是指呼吸停止及心脏停跳时，合并使用人工呼吸及心外按压进行急救的一种措施。通过心肺复苏可使患者恢复自主呼吸和心跳。

23. 什么情况需要实施心肺复苏?

答：各种原因导致的心跳呼吸功能骤停都需要心肺复苏。常见的有心脏病、高血压、车祸、中毒、猝死、溺水、触电、窒息、中毒、失血过多、异物堵塞呼吸道等导致患者停止呼吸和心跳的情况。对于非专业人员来讲，如果遇到有人突然丧失意识（呼喊拍打没有反应），且没有呼吸（没有胸腹部起伏，没有呼吸音，没有呼吸气流）就需要开始心肺复苏。

24. 如何实施心肺复苏法?

答：（1）人工呼吸法。当判断患者确实不存在呼吸时，应立即进行口对口（鼻）人工呼吸。具体方法是：

1）在保持呼吸畅通的位置下进行。用按于前额的一手的拇指、食指捏住患者鼻孔下端，深吸一口气屏住，用自己的嘴唇严密地包住患者微张的嘴。

2）以中等力量将气吹入患者口内，每次吹气持续 1～1.5s，同时仔细观察患者胸部有无起伏，当看到患者的胸部扩张时停止吹气，一次吹气完毕。

3）一次吹气完毕后，施救者立即与伤员口部脱离，轻轻抬起头部，侧转头再吸入新鲜空气，以便做下一次人工呼吸。抢救一开始首次吹气 2 次，每次时间为 1～1.5s。

4）吹气 2 次后，施救者将食指和中指放到患者的喉结处，再向外滑至同侧气管与颈部肌肉所形成的沟中，按压观察 10s，感觉颈动脉是否有搏动。人工呼吸法如图 8-3 所示。

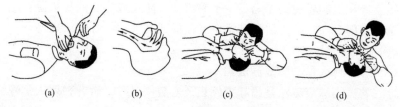

    (a)   (b)   (c)   (d)

图 8-3　人工呼吸法示意图

（a）清除口腔杂物；（b）舌根抬起气道通；（c）深呼吸后紧贴嘴吹气；（d）放松嘴鼻换气

（2）胸外按压法。当判断患者没有脉搏时，应开始配合实施胸外按压。具体方法是：

1）快速测定按压部位。首先触及患者上腹部，以食指及中指沿伤员肋弓处向中间移滑，在两侧肋弓交点处寻找胸骨下切迹。然后将食指及中指两横指放在胸骨下切迹上方，食指上方的胸骨正中部即为按压区，以另一手的掌根部紧贴食指上方，放在按压区，再将定位之手取下，重叠将掌根部放于另一手背上，两手手指交叉抬起，使手指脱离胸壁。

2）正确按压。施救者双臂绷直，双肩在患者胸骨上方正中，靠自身重量垂直向下按压，不要左右摆动。按压应平稳、有节奏地进行，不能间断，不能冲击式猛压，下压及向上放松的时间相等。

3）按压频率。按压频率应保持在每分钟 100 次。

4）按压与人工呼吸比例。按压与人工呼吸的比例关系一般为 31:2，婴儿、儿童为 15:2。

5）按压深度。手掌下压深度一般成人为 4～5cm，5～13 岁患者为 3cm，婴幼儿患者为 2cm。胸外按压法如图 8-4 所示。

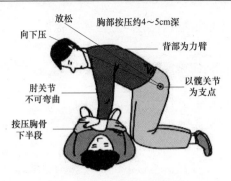

放松
胸部按压约4～5cm深
向下压
背部为力臂
肘关节
不可弯曲
以髋关节
为支点
按压胸骨
下半段

图8-4　胸外按压法示意图

25. 实施心肺复苏应注意什么?

答：（1）人工呼吸吹气量不能过大，胸廓稍起伏即可，一般是在 1200mL 以内。吹气时要观察患者气道和胸廓，控制好吹气力道。

（2）胸外按压只能用于心跳停止的患者，当患者恢复心跳时立即停止按压。

（3）人工呼吸与胸外按压的比例在 30:2，任何一项过多都会影响效果。

（4）胸外按压的力道和位置要准确。位置不准和力道过大会造成其他器官的损伤，力道过小则起不到效果。

（5）在施行心肺复苏术前要将患者的衣扣及裤带解松，也起到保护内脏作用。

26. 猝死如何实施急救?

答：人在正常工作、生活或运动时，突然昏倒在地，意识丧失，面色死灰，脉搏消失，呼吸、心跳停止，瞳孔放大，这种突然发生的自然死亡叫"猝死"。遇到该情况时，应做到：

（1）立即拨打 120 急救电话。将患者平卧，背部垫一硬板，颈部上抬，头颈微后仰，促使气道通畅。

（2）捶击心前区。右手握松空心拳，在距离胸壁 20～30cm 上方，垂直向下捶击心前区。捶击 1～2 次，每次 1～2s，力量中等，如无效，则实施心肺复苏法抢救。注意捶击次数不能超过两次；控制捶击力道,不能过猛;不能随意搬动患者。

27. 溺水如何实施急救?

答:溺水是指人被水淹以后,出现窒息和缺氧。往往表现为脸部青紫、肿胀、眼睛充血、口吐白沫、四肢冰凉等,甚至呼吸、心跳停止。溺水急救方法如下:

(1)当溺水者在水面挣扎时,施救者应迅速向水中抛救生圈、木板等漂浮物,让其抓住不致下沉,或递给溺水者木棍、绳索等拉他脱险。切记:不会游泳者不可直接下水救人。

(2)直接下水救护时,如果溺水者尚未昏迷,施救者要特别防止被他抓、抱。不要从正面接近溺水者,而应绕到溺水者的背后或潜入水下,扭转他的髋部使其背对自己;从后面或侧面托住溺水者的腋窝或下巴,尽量使其鼻子和嘴巴露出水面,避免呛水,并用反蛙泳或侧泳将其拖带上岸。

(3)将溺水者救出水后将其平放在地面,迅速撬开嘴,清除口、鼻内的脏东西(如淤泥、杂草等),保持呼吸道通畅。

(4)意识丧失、尚有呼吸心跳的溺水者要保持侧卧注意保暖。

(5)使溺水者趴在施救者屈膝的大腿上,按压背部迫使呼吸道和胃里的水排出。但排水时间不能太长,以免耽误抢救时间。

(6)溺水者呼吸极为微弱甚至停止时,应立即实施心肺复苏法。

(7)由于呼吸、心跳在短期恢复后还有可能再次停止,应一直坚持救治到专业救护人员到来。

(8)意外落水时应大声呼喊,引起别人注意;尽可能抓住固定的东西,避免被流水卷走或被杂物撞伤;采取仰体卧位(又称"浮泳"),头向后仰,让鼻子和嘴巴尽量露出水面,全身放松,肺部吸满空气;两手贴身,用掌心向下压水,双腿反复伸蹬;保持用嘴换气,避免呛水;尽可能保存体力,争取更多的获救时间。

28. 触电如何实施急救?

答:(1)发现有人触电,确定现场环境安全后才能进入现场救人。要立即切断电源,用干燥的木棒、皮带等绝缘物挑开触电者身上的带电体。

（2）解开触电者的衣服，清理嘴里的黏液，如有假牙，应取下。

（3）立即就地进行抢救。如果呼吸心跳停止，应立即持续实施心肺复苏法。

（4）有电烧伤的伤口，应包扎后到医院就诊。

（5）不能用湿的物品接触带电者、带电体以及电源开关、插口，不能用手去拿电线或接触没有脱离电源的人。

（6）如在户外发现落地或浸入水中的电线，无论带电与否，都应远离，并立即通知供电部门。

29. 呼吸道异物阻塞如何实施急救？

答：（1）可采用海姆利克急救法。施救方法如下：施救者站在患者背后，用两手臂环绕患者的腰部；一手握拳，将拳头的拇指一侧放在患者胸廓下和脐上（肚脐和肋骨之间）的腹部；用另一手抓住拳头、快速向上向里重击压迫患者的腹部；重复以上手法直到异物排出。海姆利克急救法如图 8-5 所示。

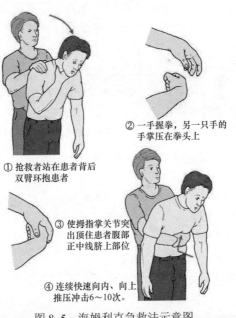

① 抢救者站在患者背后双臂环抱患者

② 一手握拳，另一只手的手掌压在拳头上

③ 使拇指掌关节突出顶住患者腹部正中线脐上部位

④ 连续快速向内、向上推压冲击6～10次。

图 8-5　海姆利克急救法示意图

（2）如果患者已无意识，应将其仰平卧，抢救者面对患者，骑跨在患者的髋部，用你的一手置于另一手上，将下面一手的掌跟放在胸廓下脐上的腹部，用你的身体重量，快速冲击压迫患者的腹部，重复之直至异物排出。

（3）婴幼儿发生呼吸道异物阻塞时，须将孩子面朝下放在施救者的前臂上，再将前臂支撑在大腿上方，用另一只手拍击孩子两肩骨之间的背部，促使他吐出异物。如果无效，可将孩子翻转过来，面朝上，放在大腿上，托住背部，头低于身体，用食指和中指猛压他的下胸部（两乳头连线中点下方一横指处）。反复交替进行拍背和胸部压挤，直至异物排出。

（4）如果身边没有其他人帮忙，患者可以借助桌角、椅子等顶在肚脐上面一寸的地方，快速向上冲击。重复之，直至异物排出。

30. 眼灼伤如何实施急救？

答：（1）当眼部受到化学性物质烧伤时，必须尽快冲洗眼睛。紧急时可用清水、自来水、井水、生理盐水等对眼睛的上下穹窿、内外眦角等处进行彻底的长时间反复清洗。冲洗时不要让水溅到没有受伤的眼睛里。

（2）局部可涂用抗菌素眼药水和眼药膏，以防止感染。

（3）如有固体化学物质（如石灰粉末）停留在结膜囊或角膜上，应用镊子或棉签将其取出。

（4）冲洗后，用干净的纱布等覆盖保护受伤的眼睛，迅速前往医院就医。

31. 严重的胸、腹外伤如何实施急救？

答：当发生利器（刀、剪子等）刺入胸、腹部或肠管流出体外的事故时，不能随便处理，以免因出血过多或脏器严重感染而危及患者生命。

（1）已经刺入胸、腹部的利器，不要自己拔出，应设法固定利器，立即将伤者送往医院。

（2）如果肠管流出体外，不要把肠管塞回肚子，也不要擦除肠管上的黏性物质。应在流出的肠管上覆盖消毒纱布，再用干净的碗或盆扣在伤口上，用绷带固定，迅速送医院抢救。

（3）转送时要让伤者平卧、膝和髋关节处于半屈曲状，减少伤者的痛苦。

32. 烧烫伤的表现是什么？

答：根据烧烫伤的部位、面积和深浅度，分为三度。一度烧烫伤：只伤及表皮层，受伤的皮肤发红、肿胀，无水泡出现；二度烧烫伤：伤及真皮层，局部红肿、发热，疼痛难忍，有明显水泡；三度烧烫伤：全层皮肤包括皮肤下面的脂肪、骨和肌肉都受到伤害，这时反而疼痛不剧烈。

33. 如何处理烧烫伤？

答：（1）对一度烧烫伤，应立即将伤处浸在凉水中进行"冷却治疗"，如有冰块效果更佳。如果穿着衣服或鞋袜部位被烫伤，不要急忙脱去被烫部位的鞋袜或衣裤，否则会使表皮随同鞋袜、衣裤一起脱落，容易造成感染。最好的方法是用食醋或冷水隔着衣裤或鞋袜浇到伤处及周围，然后再脱去鞋袜或衣裤。

（2）烧烫伤者经"冷却治疗"一段时间后，仍疼痛难受，且伤处起了水泡，这说明是"二度烧烫伤"。这时不要弄破水泡，要迅速到医院治疗。

（3）对三度烧烫伤者，应立即用清洁的被单或衣服简单包扎，避免污染和再次损伤，创伤面不要涂擦药物，迅速送医院治疗。

34. 骨折如何实施急救？

答：（1）前臂骨折。用一块从肘关节至手掌长度的木板或用一本 16 开杂志，放在伤肢外侧，以绷带或布条缠绕固定，注意留出指尖，然后用三角巾把前臂悬吊胸前。前臂骨折包扎固定如图 8-6 所示。

（2）上臂骨折。把长达肩峰至肘尖的衬垫木板或硬纸板。放在伤肢外侧，以绷带或布条缠绕固定，注意留出指尖，然后用三角巾把前臂悬吊胸前。上肢骨折如无固定器材，可利用躯干固定，将上臂用皮带或布带固定在胸部，并将伤侧衣襟角向外上反折，托起前臂后固定。

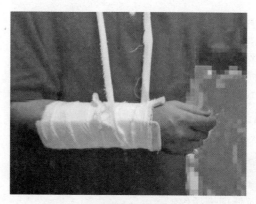

图 8-6   前臂骨折包扎固定示意图

（3）锁骨骨折。可用三角巾固定法，先在两腋下垫上大棉垫或布团，然后用两条三角巾的底边分别在两腋窝绕到肩前打结，再在背后将三角巾两个顶角拉紧打结。

（4）肋骨骨折。可用多头带固定之，先在骨折处盖上大棉垫或折叠数层的布，然后让伤员呼气后屏息，将多头带在健侧胸部打结固定。

（5）大腿骨折。用一块相当于从足跟至腋下长度的木板放在伤肢外侧，然后用 6～7 条布带扎紧固定。大腿骨折包扎固定，如图 8-7 所示。

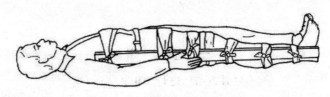

图 8-7   大腿骨折包扎固定示意图

（6）小腿骨折。可用两块由大腿至足跟长的木板，分放于小腿内、外侧，或用一块木板放于大腿或小腿外侧，然后用绷带缠绕固定。小腿骨折包扎固定如图 8-8 所示。

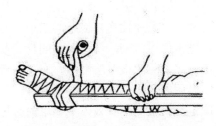

图 8-8 小腿骨折包扎固定示意图

（7）胸腰椎骨折。病人不宜站立或坐起，以免引起或加重脊髓损伤，抬动病人时不要让病人的躯干前屈，必须仰卧在担架或门板上运送。

（8）颈椎骨折、脱位。患者头仰卧固定在正中位（不垫枕头）。两侧垫卷叠的衣服，防止颈部左右转动。颈椎或脊柱骨折时，切勿轻易搬动，应尽量让伤者原地不动，等待专业医护人员携器材来搬动，否则有引起脊髓压迫的危险，发生四肢与躯干的高位截瘫，甚至死亡。

35. 骨折固定注意事项有哪些?

答：（1）遇有呼吸、心跳停止者先行心肺复苏术；出血休克者先止血，病情有根本好转后进行固定。

（2）院外固定时，对骨折后造成的畸形禁止整复，不能把骨折断端送回伤口内，只要适当固定即可。

（3）代用品的夹板要长于两头的关节并一起固定。夹板应光滑，夹板靠皮肤一面，最好用软垫垫起并包裹两头。

（4）固定时应不松、不紧而牢固。

（5）固定四肢时应尽可能暴露手指（足趾），以观察有无指（趾）尖发紫、肿胀、疼痛、血循环障碍等。

36. 骨折急救的基本原则是什么?

答：（1）抢救生命。严重创伤现场急救的首要原则是抢救生命。如发现伤员心跳、呼吸已经停止或濒于停止，应立即进行心肺复苏。昏迷伤员应保持其呼吸道通畅，及时清除其口咽部异物。

（2）伤口处理。对开放性伤口应及时止血，并用消毒纱布或干净布包扎伤口，以防伤口污染。伤口表面的异物要取掉，外露的骨折端切勿推入伤口，以免污染深层组织。有条件者最好用高锰酸钾等消毒液冲洗伤口后再包扎、固定。

（3）简单固定。力求简单有效，不要求对骨折准确复位；开放性骨折有骨端外露者更不宜复位，而应原位固定。急救现场可就地取材，如木棍、板条、树枝、手杖或硬纸板等都可作为固定器材，其长短以固定住骨折处上下两个关节为准。如找不到固定的硬物，也可用布带直接将伤肢绑在身上，骨折的上肢可固定在胸壁上，使前臂悬于胸前；骨折的下肢可同健肢固定在一起。

（4）必要止痛。严重外伤后，强烈的疼痛刺激可引起休克，因此应给予必要的止痛药。可送服止痛片，也可注射止痛剂，如吗啡或杜冷丁。但有脑、胸部损伤者不可注射吗啡，以免抑制呼吸中枢。

（5）安全转运。经以上现场救护后，应将伤员迅速、安全地转运到医院救治。转运途中要注意动作轻稳，防止震动和碰坏伤肢，以减少伤员的疼痛，并且注意给伤员保暖。

37．毒蛇咬伤如何处置？

答：（1）毒蛇咬伤后，不要惊慌、奔跑、饮酒，以免加速蛇毒在人体内扩散。

（2）咬伤大多在四肢，被咬的肢体应放低，迅速从伤口上端向下方反复挤出毒液。或口内无舌、牙龈溃破或唇裂伤口者，可以用口对伤口猛吸 10 余次，每吸一口马上吐掉，最后还需漱口。然后在伤口上方（尽心端）用布带扎紧，将伤肢固定，避免活动，以减少毒液吸收。

（3）在处理伤口的同时要及时服用和在伤口部位外敷蛇药。伤口部位应保持不动，如是脚伤，应抬着去医院。

38. 犬咬伤如何处置？

答：（1）犬咬伤后应立即用浓肥皂水冲洗伤口，同时用挤压法自上而下将残留伤口内唾液挤出，然后再用碘酒涂擦伤口。

（2）少量出血时，不要急于止血，也不要包扎或缝合伤口。

（3）被犬咬伤后，不论是否带有病毒，都应及时注射疫苗。

39. 野外迷失如何自救？

答：（1）在野外发现自己迷路时，千万不要惊慌着急，更不能乱喊乱跑，应冷静，仔细回忆刚才走过的路是否有巨大岩壁（悬崖）、大树、溪流、泉眼、洞穴、怪峰及岔路口等参照物，然后凭着自己的记忆寻找自己的足迹，退回到原来的路线上。

（2）分析山势走向和地理地貌的环境，然后判断附近是否有野生动物（常见的有豹、狼、鹿、狐狸、山羊、羚羊、狍子、獾、兔子等）。寻找到野生动物走过的痕迹，并沿着"兽道"走出险境，但一定要非常警觉，以免遭到野兽的袭击或狩猎者设下的套、夹及陷阱的伤害。

（3）不论是在枝叶蔽目的山林中，还是在丛草盖地的山坡上，如果低头近看，根本找不出路来；那就远看，看到几十米以外，观察草枝微斜、草叶微倾、叶背微翻的痕迹，然后由远而近、由近再远，远近比较之后，就能分辨出所谓的"路"来了。

（4）在既不知方向，也没有道路的深山密林中，只管沿山谷下行，直至找到溪流后，顺流而下便可走出大山（因为水往低处流）。但要注意悬崖峭壁和瀑布。

40. 中暑如何处置？

答：（1）速将患者转移到阴凉、通风的地方，解开衣扣，平躺休息。

（2）用冷水擦浴，湿毛巾覆盖身体，电扇吹风，或在头部置冰袋等方法降温。

（3）喝些淡盐水或清凉饮料，清醒者也可服用人丹、绿豆汤等。

（4）昏迷者可用手指掐人中穴、内关穴及合谷穴等，同时立即送医院救治。

41. 过敏反应如何处置?

答:(1)拨打"120"或当地的医疗急救电话。

(2)在患者身上搜寻随身携带的脱敏药物,例如,肾上腺素自动注射器。在给患者注射完肾上腺素后,如果患者没有窒息,则应让其服用脱敏药物。让患者保持平躺姿势,并使患者的背部和脚高于头部。

(3)松开患者的紧身衣物并盖上毛毯,不要让患者喝任何东西。

(4)如果患者有呕吐或吐血等症状,应使其面朝一侧趴着以防窒息。

(5)如果患者没有心跳和呼吸,则应立即进行心肺复苏术。

42. 如何缓解小腿肚抽筋?

答:(1)在小腿肚抽筋时,紧紧抓住抽筋一侧的脚大拇指,使劲向上扳折,同时用力伸直膝关节,即可缓解。

(2)在游泳时发生小腿肚抽筋,应立即收起抽筋的腿,用另一只腿和两只手臂划水,游上岸休息。如会浮水,可平浮于水上,弯曲抽筋的腿,稍事休息,待抽筋停止,立即上岸。也可吸气沉入水中,用手抓住抽筋一侧的脚大拇指,使劲往上扳折,同时用力伸直膝关节。在游向岸边时,切忌抽筋一侧的腿用力过度,以免再次抽筋。在其他运动中发生小腿肚抽筋,应立即原地休息。

(3)抽筋停止后,仍有可能再度抽筋,千万不要剧烈活动和游泳,应注意休息。

(4)可按摩抽筋的小腿,喝些牛奶、橙汁等饮料。

43. 遇险求救的方法有哪些?

答:(1)声响求救。遇到危难时,尽量少用喊叫求救的方法,以免耗费体力;可以选择吹响哨子、击打脸盆或其他金属器皿,甚至打碎玻璃等物品向周围发出求救信号。

(2)光线求救。遇到危难时,可以用手电筒、镜子反射阳光等办法求救。每分钟闪照 6 次，停顿 1min 后，再重复进行。

（3）抛物求救。在高楼遇到危难时，可抛掷软物品，如枕头、书本、空塑料瓶等，引起下面注意，最好在所抛的物品中注明遇险情况、指示方位。

（4）烟火求救。在野外遇到危难时，白天可燃烧新鲜树枝、青草等植物发出烟雾，晚上可点燃干柴，发出明亮耀眼的火光向周围求救。

（5）摆字求救。用树枝、石块、帐篷、衣物等一切可利用的材料，在空地上堆摆出"SOS"或其他求救字样。每字至少长 6m，便于空中搜救人员识别。

（6）摩尔斯电码求救。用摩尔斯电码发出 SOS 求救信号，是国际通用的紧急求救方式。此电码将 S 表示为"…"，即 3 个短信号；O 表示为"———"，即 3 个长信号。长信号时间长度约是短信号的 3 倍。这样，SOS 就可以用"三短、三长、三短"的任何信号来表示。可以利用光线，如开关手电筒、矿灯、应急灯、汽车大灯、室内照明灯甚至遮挡煤油灯等方法发送，也可以利用声音，如哨声、汽笛、汽车鸣号甚至敲击等方法发送。每发送一组 SOS，停顿片刻再发下一组。

44. 常用救援绳索系法有哪些？

答：（1）把手结。只要有绳索，看到溺水或陷入沼泽的人，可以投出绳子施救。投绳以前，一定要做结头（即使最简单的单结也可以）。学会把手结，绳子成名副其实的救命索。把手结系法，如图 8-9 所示。

（2）龟甲结。重点是在绳子中间做成环，若要拉重物，则可多做几个，肩膀穿入环中，由几个人一起拉。简单的方法是用单结做成，并加以固定。在晒衣绳做环，或用细绳重复做这种结，可以当作窗帘或百叶窗的边饰。龟甲结系法，如图 8-10 所示。

（3）撑人结。是将绳索的一端绑在身体上的方法中最基本的一种。一旦固定了，就不会再束紧也不会松懈。不管绳索粗细，打结时简单，解开也极容易，而且安全、确实。撑人结系法，如图 8-11

所示。

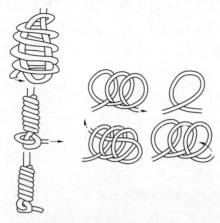

图 8-9　把手结系法示意图

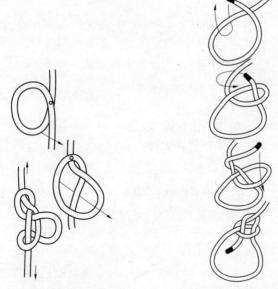

图 8-10　龟甲结系法示意图　　图 8-11　撑人结系法示意图

（4）消防用结。这种结法是消防队员在大楼失火时所利用的，因而有这种名称。这种结法不可弄错，否则半途松开或束紧是不行的。

消防用结系法，如图 8-12 所示。

（5）座椅结。可用来救助高处的人，或用作在高处工作时安全绳，双重环之一绕过背部，再通过腋下，另一个环的大小应先订好，做成双重环之一，便于一手可穿过。座椅结系法，如图 8-13 所示。

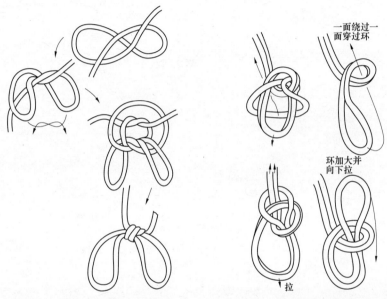

图 8-12　消防用结系法示意图　　　　图 8-13　座椅结系法示意图

（6）双股撑人结。要把伤者吊上来或吊下去，就要打双股的撑人结。然后将它挂在伤者腰部或背部。如伤者不能拉着绳索，就要把绳索挂在双脚上，并在胸部再卷一圈。